ゲーム理論のあゆみ

HISTORY
OF
GAME
THEORY

MITSUO SUZUKI

鈴木光男

有斐閣

オスカー・モルゲンシュテルン先生に捧ぐ

オスカー・モルゲンシュテルン
(1972 年撮影, 75 歳)

はじめに

　遊びやゲームの歴史は，人類の歴史とともに古いということができます。偶然を伴う遊びは，やがて確率論を生み，技術を伴うゲームは，やがて戦略のゲームの理論を生みました。

　現在のゲーム理論は，1928（昭和3）年に生まれ，1944（昭和19）年に，フォン・ノイマンとモルゲンシュテルンとの共著『ゲームの理論と経済行動』によって，成人となって世に出ました。

　出版された当初は，20世紀前半における最も偉大な科学的業績の一つと称賛されましたが，その後は，理解されること少なく，批判されること多き理論として生きてきました。

　ゲーム理論がこの世に広く認められるようになったのは，1980年代の半ば頃からでした。その後の発展は驚くばかりで，わが国においても，ここ20年間のゲーム理論の普及はきわめて急速で，今では，高校生でも知る言葉になりました。

　20年前には，大きな書店に行っても，ゲーム理論に関係する本は，ほんの数冊しかありませんでしたが，今では二十数冊，色とりどりに並んでいます。早い時期からゲーム理論にかかわってきた者としては，感慨無量のものがあります。

　「故きを温ねて新しきを知る」と言いますから，ゲーム理論の歩んできた道を知っていただきたいと願って，本書を執筆しました。ゲーム理論とともに生きてきた私から見たゲーム理論のあゆみですが，読んでいただければありがたく存じます。

　本書執筆にあたって，モルゲンシュテルン先生からいただいた多

数の手紙を読み直してみましたが，その人柄と若い人に対する思いやりの深さが，あらためて身にしみて感じられました。私が86歳になった今日まで，ゲーム理論とともに生きてこられたのも，先生の私への思いやりの賜物にほかなりません。

　深い感謝の念をもって，モルゲンシュテルン先生の御霊に本書を捧げます。

　　2014年1月吉日

　　　　　　　　　　　　　　　　　　　　　　　　鈴木 光男

目　次

はじめに

第1章　古き代のゲームの理論 ……………………… 1

1　古き代のゲーム　2

2　世界最初の混合戦略とミニマックス解　6

3　殿方ゲーム　9

4　ウォルドグラーヴとド・モンモール　13

5　サンクト・ペテルブルクのパラドックス　16

6　ベルヌーイ一族　18

7　同時代の人々　20

第2章　ゲームの理論の誕生 ……………………… 23

1　フォン・ノイマンの青年期　23

2　ツェルメロのチェスの理論　25

3　ボレルのゲームの理論　27

4　フォン・ノイマンの「社会的ゲームの理論」　28

5　タイトル Gasellschaftsspiele について　30

6　ケインズ，ナイト，ラムジーの貢献　33

7　フォン・ノイマンの「経済均衡成長の理論」　34

第3章　オーストリア学派の思想 ……………………… 39
　　　──1930年前後のウィーン

1　オーストリア学派の人々　39

2　ウィーン・サークル　42

3　モルゲンシュテルンの問題提起　　44
　　　4　数理経済学の確立　　51
　　　5　山田雄三先生の『計画の経済理論』　　55

第4章　ゲームの理論の成立までのヨーロッパの情勢 …… 63
　　　1　ヨーロッパのバルカン化　　63
　　　2　フォン・ノイマン，プリンストンへ　　64
　　　3　ウィーン・サークルの人々の脱出　　67

第5章　ゲームの理論の成立 ……………………………… 73
　　　1　モルゲンシュテルンとフォン・ノイマンとの出会い　　73
　　　2　共同研究の進行　　75
　　　3　ヴィルの分離定理と角谷の不動点定理　　78
　　　4　大著の完成　　80
　　　5　新しい科学の誕生　　83

第6章　高まる期待——数学と社会科学の架け橋 ………… 85
　　　1　期待と紹介　　85
　　　2　ワルトの統計的意思決定　　89
　　　3　自前の科学的言語とロジック　　90
　　　4　ゲームの理論の人間像　　92
　　　5　フォン・ノイマンの数学観　　93
　　　6　モルゲンシュテルンの人柄と役割　　94
　　　7　日本におけるゲーム理論の紹介　　96
　　　8　私とゲームの理論との出会い　　100

第7章　新しい展開から批判の時代へ——1950年代 ……… 103
　　　1　ナッシュの非協力ゲーム　　103

 2 私の卒業論文 106
 3 ナッシュの交渉解 108
 4 ナッシュの人生 110
 5 一般向けの解説書の刊行 111
 6 ニブレンのマクロ経済学への適用 112
 7 社会的均衡の存在 116
 8 政治学におけるゲーム理論——シュビック編の論文集 119
 9 Annals of Mathematical Studies の 3 冊 121
 10 フォン・ノイマンの死 126
 11 批判の時期 127
 12 鈴木『ゲームの理論』執筆の頃 131
 13 『ゲームの理論の論文集Ⅳ』の刊行 133

第8章　新しい可能性の探求——1960年代 137

 1 新しい幕開け——1961年のコンファレンス 137
 2 新しい概念の誕生 140
 3 交渉集合，カーネル，仁 144
 4 ハルサニの交渉問題と合理性の検討 146
 5 シュウビック編の論文集 147
 6 ラパポートの『戦略と良心』その他 150
 7 シェリングの紛争の戦略 152
 8 コアの存在 157
 9 情報不完備ゲーム 158
 10 モルゲンシュテルンの65歳記念論文集 159
 11 安定集合の存在 162
 12 次の時代の基礎の確立 163

第9章　発展と広がりの時期——1970年代　……… 165

- *1* ゲーム理論の専門誌の発行　165
- *2* ドイツでのワークショップ　167
- *3* ハルサニの功利主義的倫理　169
- *4* ゼルテンの均衡点の再考察　171
- *5* The Nakamura Number　172
- *6* 費用分担問題　174
- *7* ハルサニの想い出　175
- *8* ゼルテンの想い出　178
- *9* 政治学への適用　182
- *10* 繰り返しゲーム　185
- *11* オーマンの思い出　187
- *12* モルゲンシュテルンの75歳記念論文集　189
- *13* Applied Game Theory　189
- *14* モルゲンシュテルン追悼シンポジウム　191
- *15* 1970年代のゲーム理論　193
- *16* 日本におけるゲーム理論　194

第10章　飛躍の時代——1980年代　……… 201

- *1* さらなる飛躍へ　201
- *2* 非協力ゲームの理論の発展　202
- *3* 共通認識　203
- *4* ゲーム理論による生物学の発展　206
- *5* 比較制度分析　209
- *6* 経営学におけるゲーム理論——1980年代から90年代　212
- *7* 今までの総括と新しい発展の基礎　214

第11章 新しい時代へ——1990年以後 219

1. 新しい専門誌の発行と学会の設立　219
2. 記念論文集　220
3. 実証的実験的精神の高揚　224
4. 1990年代初期の文献　227
5. ノーベル経済学賞受賞　232
6. 環境問題のゲーム理論による分析　237
7. 現代経済学の新しい潮流　238
8. 1995年以後の文献抄　240
9. 新しい歴史像への期待　244

　感謝のことば　247

　　人名索引　249

* 本書における文献の引用については，読者の便宜を考え，旧字体を新自体に改め，場合により，筆者が手を加えている。なお，外国語文献に関し，邦訳の刊行されているものは概ねそれを引用した。ただし，出典として邦訳の情報を示していないものは，筆者による訳である。

本書のコピー，スキャン，デジタル化等の無断複製は著作権法上での例外を除き禁じられています。本書を代行業者等の第三者に依頼してスキャンやデジタル化することは，たとえ個人や家庭内での利用でも著作権法違反です。

第1章

古き代のゲームの理論

主がモーゼによって命じられたように，くじによって，これを九つの部族と半ばの部族とに，嗣業として与えた。

(旧約聖書『ヨシュア記』，14-2)

わたしはここで，われわれの神，主の前に，あなたがたのために，くじを引くであろう。

(旧約聖書『ヨシュア記』，14-6)

遊びをせんとや生まれけむ
戯れせんとや生まれけん
遊ぶ子供の声きけば
わが身さえこそ揺がるれ。

(後白河院編『梁塵秘抄』三五九)

1 古き代のゲーム

　遊びやゲームは，神と人間，あるいは，自然と人間との間で行われ，神や自然の行為に対する祈りから生まれたといわれています。それは，狩りや耕作の収穫の祈りであり，時には，自然との戦いでもありました。やがてそれは儀式となり，ゲームとなり，遊びとなったと考えられます。

　そして，神や自然の行為は，人間にとって明確に予測できるものではなく，予測できないものを知るために，クジやサイコロを用いて占うことは，古くからありました。そして，それが遊びの重要な要素になっています。

　旧約聖書には，クジを投げて物事を決める話が，数多く見られます。ヘブライ語で律法を意味する Tora という言葉の語源は jara（投げる）という言葉と関係があって，クジを投げることによって与えられる指図を意味すると考えられています。

　これは現代風にいえば，確率を含む指図が与えられていて，それに基づいてクジによって具体的な決定をすることを意味するといえます。

　クジというのは，考古学者がアストラガロス（Astragalous）と呼んでいるもので，昔は石や動物の骨で作ったサイコロのようなものでした。エジプトやイスラエルの遺跡からしばしば発見され，アストラガロスを使って駒を動かしてゲームをしているエジプトの壁画が残っていて，シカゴ大学に所蔵されています。それを投げて占いをし，やがて遊びに転じたと思われます。

　日本にも同じようなことがあって，『魏志倭人伝』に，

　　なにか事を決するときには，吉凶を知るために骨を灼いて占う。

> その骨にひびがでて占いの兆がわかると，中国の令亀の法（占いをする人のもつ虎の巻）のようなものに照らしあわせて，吉凶を判断する。
>
> （井上光貞『日本の歴史1 神話から歴史へ』中央公論社，1965年，223頁）

とあります。その占いに使用したイノシシの骨が，神奈川県三浦市の弥生時代後期の遺跡から発見されています。

ゲームについての研究書

ゲームについての研究書も古くからあって，ローマの歴史家スエトニウス（Suetonius, 69-141）による『ローマ諸皇帝の生涯』には，当時のヨーロッパで行われたゲームについて述べられています。その中に，クラウディウス（Claudius, B.C. 10-A.D. 54）という人の『サイコロで勝つ法』という本があることが紹介されています。

現在知られているところでは，理論的に確率を正しく計算した最初の数学者は，イタリアのカルダーノ（Girolamo Cardano, 1501-76）と言われています。彼はミラノの大学で数学を教え，医学や自然科学なども研究していましたが，

Libre de Ludo Aleae（偶然ゲームに関する書）

という本を書いています。この本は1525年に書かれ，65年に書き直されたものと推定されていますが，彼の死後の1663年に出版されました。

次に挙げられるのは，ガリレオ（Galileo Galilei, 1564-1642）です。彼には，

Sopra le Scoperte dei Dadi（ダイス・ゲームに関する考察）

という本があります。この本は，彼のフィレンツェ時代の1613年から23年の間に書かれたものと思われます。

第1章 古き代のゲームの理論

彼は，100の価値のある物を，10と評価した人と，1000と評価した人とがいるとき，そのどちらがより良い評価と言えるか，という問題を論じて，正しい値からの偏差を評価するときには，算術級数によるべきで，幾何級数によるべきではないと述べています。これは誤差の評価の方法の先駆的なもので，効用についての先駆的考察ということができます。

ガリレオの時代からルネッサンスの時代に入りますが，この頃から確率を計算することは数学者の共通の財産になってきました。そして，ルネッサンスの文化がイタリアからフランスに移るとともに，確率の理論の歴史もフランスに移ることになります。

フェルマーとパスカル

その最初の名は，フェルマー（Pierre de Fermat, 1607-65）とパスカル（Blaise Pascal, 1623-62）です。フェルマーはトゥールーズの議会の法律顧問官で，当時のフランス，イタリア，イギリスなどの知識人と文通をしていて，おびただしい数の手紙を残しており，その書簡集が出版されています。

確率論は，このフェルマーとパスカルの間の往復書簡において誕生したといえます。この間の事情については，確率論成立史上の事件としてよく知られています。

ゲームの必勝法を求める方法は，パスカルによって初めて定式化されました。シェヴァリェ・ド・メレ（Chevalier de Méré, 1607-84）というギャンブラーが「複数の点の問題（Problem of Points）」という分配問題を，パリの数学者に提起したのがきっかけで，パスカルとフェルマーがこの問題に取り組み，1654年のパスカルとフェルマーの往復書簡で，数学的期待値を最大にする方策を選ぶ解法を得たことを伝えています。

それは確率論の誕生を告げるものであると同時に、ゲームの理論の芽生えと言うことができます。

パスカルの確率に関する思想のハイライトは何といっても神の存在への賭けでしょう。「神は存在するか存在しないか、われわれは理性によって、そのどちらかに決定することはできない。したがってわれわれは賭けなければならない」とする彼の壮大な議論は確率的意志決定の問題の最大のものです（パスカル／松浪信三郎訳『パンセ』「第3章 賭の必要性について」講談社文庫, 1971, 374-385頁）。

遊びについての研究書

一般的な遊びやゲームについての研究書も多数あり、その中でもよく知られているものに、次のようなものがあります。

> Huizinga, J. (1938) *Homo Ludens*（ホイジンガ／高橋英夫訳『ホモ・ルーデンス』中公文庫, 1973）。

ホイジンガ（Johan Huizinga, 1872-1945）はオランダの歴史家で、「文化現象としての遊びの本質と意味」を説き、「遊びと法律」「遊びと戦争」「遊びと知識」について論じています。

> Caillois, R. (1958) *Les jeux et les hommes*（カイヨワ／多田道太郎・塚崎幹夫訳『遊びと人間』講談社学術文庫, 1990）。

カイヨワ（Roger Caillois, 1913-78）は、この本の日本版への序文で、「花を活ける芸術によって、茶の儀式によって、また伝統的な短詩の厳密な形式によって、凧あげによって、贈りものの交換によって、能と歌舞伎の約束ごとによって、武士道の道徳によって、弓を射る洗練された作法によって、禅問答の意味深いやりとりによって、日本文化はその歴史の全体を通じて、遊戯精神との明白な血縁関係を、いわば誇示しているように思われる」と述べています。

また，ジャック・アンリオ（Jean-Jacques Henriot, 1923-？）は，「遊びにおいて特徴的なことは，構造（規則体系としての遊び）に対する意味（遊ぶこと）の優位である。構造が意味を生み出すのではなく，意味が構造を存在させるのだ」といっています（アンリオ／佐藤信夫訳『遊び』白水社，1986，82頁）。

　訳者の佐藤信夫氏は「訳者あとがき」で，遊びについてのホイジンガの考察は文化史的であり，カイヨワのそれは社会学的であり，アンリオのそれは哲学的な省察であると解説しています。

確率論の歴史書

　確率論の歴史書として古典ともいえるものに，トドハンター（Issac Todhunter, 1820-84）の『確率の数学理論の歴史』があります。

> Todhunter, I. (1865) *A History of the Mathematical Theory of Probability From the Time of Pascal to that of Laplace*（トドハンター／安藤洋美訳『確率論史』現代数学社，初版1975，改訂版2002）

があります。本章の多くは同書によっています。

2　世界最初の混合戦略とミニマックス解

　パスカル，フェルマー以後，確率論はオランダの数学者であり，かつ物理学者，天文学者でもあるホイヘンス（Christiaan Huygens, 1625-95）などによって発展しました。そして，ニュートン（Issac Newton, 1642-1727），ライプニッツ（Gottfried Wilhelm Leibniz, 1646-1716）を経て，18世紀を迎え，蒸気機関が発明され，産業革命の幕も切って落とされ，新しい時代が訪れました。偶然のゲーム（game of chance）についての考察が進み，確率論もその形を整えてくると，偶然ゲームとしてだけでは，片づかない問題が存在することに気づくようになります。

モルゲンシュテルンによれば，確率的にのみ決定されないゲームすなわち技術のゲーム（game of skill）の理論の必要性を最初に理解したのはライプニッツであるということです。

ライプニッツは「偶然と技能との組み合わせからなるゲームは，人間生活を最もよく反映したものである。このことは特に，ある程度まで，技能と偶然に依存せざるをえない軍事問題や医学の実践に当てはまる」と述べています。

さらにライプニッツは，フランスの数学者ド・モンモールに宛てた 1715 年 7 月 29 日の手紙の中で「数学的に処理されたゲームの徹底的研究が望まれる」と書いています。そして，艦艇を示す適当な物体を作戦ボードの上で移動させることによって，海軍の問題を研究することができるといって，現実の状況のシミュレーションの可能性を考えていました。

以上は，モルゲンシュテルン「ゲーム理論」（『西洋思想大事典』第 3 巻，平凡社，1990）によります。

ライプニッツと親交が深く，その弟子といってよいのが，ヤコブ・ベルヌーイです。彼はライプニッツによって発見された微分学を学び，それを応用しようと志しました。彼の死後，甥のニコラス・ベルヌーイによって出版された $Ars\ Conjectandi$（推測法）(1713) は確率論の業績として画期的なものです。有名なベルヌーイ数はこの本の中にあります。

なお，これとまったく同じ時期に，わが国の関孝和（1640 頃-1708）が，その『括要算法』(1712，関の死後出版）において，まった

く独立に、このベルヌーイ数を求めていることを忘れてはならないでしょう。

次に登場する人物は、このニコラスの友人ド・モンモール（Pierre Rémond de Montmort, 1678-1719）とド・モアブル（Abraham de Moivre, 1667-1754）です。

そして、技術のゲームについての驚くべき業績が、

> *de Montmort : Essai d' Analyse sur les Jeux de Hazard*（偶然ゲームの解析の試み）．初版：1708，第2版：1713．

というド・モンモールの本の中から発見されました。

この本が書かれたのは、パスカルとフェルマーによる確率論の誕生から約50年後のことです。

ニコラスは伯父のヤコブに確率論を学びましたが、ド・モンモールのこの本の初版（1708）が出版された翌年に、パリに行ってド・モンモールに会い、非常に親しくなって、彼の田舎の家で3カ月も一緒に過ごしたほどです。

その後、両者の間で文通が長く続き、その往復書簡がド・モンモールの本の第2版（1754）に収められています。それらの書簡は、いずれも友情に満ちた心暖まる文章で書かれています。パスカルとフェルマーの往復書簡とともに長く記憶さるべきものです。

この本が知られるようになったのは、1960年になってのことで、フランスのゲーム理論家ギルボー（G. Th. Guilbaud）が道端の古本市の古本の中から見つけたそうです。

ド・モンモールは、この本をいろいろなカード・ゲームで起こる確率を計算することから始めています。その中に、le Her（殿方）というゲームがあって、このゲームの解を求めることについて、いろいろな数学者が議論をしたり、実際にプレイしたりしていました。

その中にウォルドグラーヴ（James Waldegrave）という人がいて、

この人にド・モンモールが自分の考えを書き送ったところ、それに対して、1713年11月13日付の返事がきたので、それをニコラスに知らせた手紙が、先の本の第2版に収められています。

このド・モンモールによって紹介されたウォルドグラーヴの手紙の内容が、今日の混合戦略の考え方を示したもので、これがおそらく混合戦略とミニマックス解についての世界最初の発見と思われます。そして、その意味が理解されるようになったのは、それが発表されてから250年後に、道端の古本の中から、ゲーム理論家によって発見されてからのことです。

ウォルドグラーヴについては、プリンストン大学のクーン教授による訳と解説

Kuhn, H. W. (1968) James Waldegrave: Excerpt from a Letter.

が、次の本に収められています。

Baumol and Goldfel eds. (1968) *Precursors in Mathematical Economics: An Anthology*. The London School of Economics and Political Science: 3-9.

3 殿方ゲーム

殿方 (le Her) というゲームはごく簡単なゲームで、フランスの御婦人方が殿方の品定めの合間にでもやったと思われる優雅な遊びで、トドハンターの『確率論の歴史』のド・モンモールの章にも詳しく紹介されていて、確率論の歴史の上でしばしば登場します。

殿方ゲームは、何人でやってもいいらしいのですが、ここでは、2人の場合のルールを紹介します。

殿方ゲームのルール

> カードは，1，2，……，10，ジャック，クィーン，キングの順で点が高く，プレイが終わったときに，点の高いカードをもっていた人が勝つ。2人のプレイヤーの1人を親，もう1人を子とする。まず，親がカードの山から1枚引いて子に配り，次に親に1枚配る。どちらも相手のカードの内容は知らないものとする。
>
> まず，子が配られたカードで満足しないときには，親とカードを交換する。ただし，親がキングをもっているときには，親は交換に応じなくともよく，そこで，プレイは終わって，親の勝ちになる。
>
> 交換するにせよ，しないにせよ，親は子の手番が終わった後に，自分のカードに不満ならば，カードの山から1枚引いて自分のカードと交換することができる。ただし，山から引いたカードがキングのときには交換ができず，もとのカードをもっていなければならない。ここで，2人は手を開いてカードを比較して，高い点をもっていた人が勝つ。同じ点のカードをもっていたときには，親の勝ちとする。

このゲームにおける子の純戦略を考えてみます。Cを交換，Hを保持としますと，純戦略は，1ならC，2ならHというように，配られたカードを交換するかどうかをあらかじめ指示する計画ということができますから，1つの純戦略は，

(1, 2, 3, 4, 5, 6, 7, 8, 9, 10, J, Q, K)
(C, H, C, H, H, H, H, C, C, C, H, C, H)

という形に表されます。このような純戦略は 2^{13} 個あります。

次に，親の純戦略を考えてみます。子が交換を要求したときには，親は両方のカードを知っていますから，交換したカードで自分が勝つなら，そこで手を開いて勝ちとなります。自分が負けなら，さらに山からカードを引いてきます。

図表 1-1　縮約された利得表

		親	
		8以下を交換	8以上を保持
子	7以下を交換	$\dfrac{2828}{5525}$	$\dfrac{2838}{5525}$
	7以上を保持	$\dfrac{2834}{5525}$	$\dfrac{2828}{5525}$

　したがって，子が交換を要求したときには，親の意思決定はただ一つに決まります。子が交換を要求しないときには，カードを保持するか交換するかのどちらかに決めなければなりません。そのときの意思決定を純戦略としますと，子の場合と同じく 2^{13} 個あります。

　それぞれが純戦略をとったときの勝ち負けの確率が計算できますから，勝ちを 1，負けを 0 として，$2^{13} \times 2^{13}$ の利得行列を作ることができます。この行列から，他の戦略に支配される純戦略を除くと，結局，親にも子にも 2 つの戦略が残ることになり，次の 2×2 の利得行列になります。

　したがって，実際上の問題としては，親は 8 をもったとき，子は 7 をもったとき，交換すべきか保持すべきか，ということに帰着します。すなわち，このゼロ和 2 人ゲームの利得行列には，鞍点がなく，厳密には決定されないゲームということになります。

　ニコラスの意見は親も子も交換した方が良いということで，ド・モンモールの意見は絶対的な選択のルールはないということでした。すなわち，このゲームは厳密には決定されないということが，当時の学者先生を悩ませたわけです。

　問題がここまで煮詰まってきたところで，この 2 つの純戦略を混合して用いるという考えが出てきました。その考えがド・モンモー

ルから出たのか，ウォルドグラーヴから出たのか，よくわかりませんが，ウォルドグラーヴの解決は決定的なものでした。

ウォルドグラーヴの解決法は，相手の出方にかかわらず，期待値が等しくなるような戦略の混合の割合を求めるということでした。それはミニマックス値が等しくなるような戦略の割合，すなわち，最適混合戦略を求めるということにほかなりません。

この場合の親と子の最適混合戦略を求めると，それぞれ，

$$\left(\frac{5}{8}, \frac{3}{8}\right), \left(\frac{3}{8}, \frac{5}{8}\right)$$

となり，均衡利得は，親は 0.487，子は 0.513 となります。

ウォルドグラーヴは，はっきりと混合戦略とミニマックス解の意味を述べていて，実際にプレイするときには，白チップ3個と黒チップ5個を用意して，そこからチップを1個取り出して，どちらかを決定するのが良いといっています。彼はこの方法を自分でも奇妙に思ったらしく，普通の遊びのルールではなさそうだがと断っています。

このことから，ウォルドグラーヴは混合戦略とミニマックス解を発見したことによって，ゼロ和2人ゲームを正確に解いた最初の人ということができます。

この殿方ゲームは，それから220年後に，フィッシャー（Ronald Aylmer Fisher, 1890-1962）によっても解かれました。

 Fisher, R. A. (1934) Randomisation and an old enigma of card play（確率化とカード・ゲームの古い問題）. *The Mathematical Gazette*. 18: 294-297.

フィッシャーの考え方がウォルドグラーヴと同じであることを見ても，確率論の揺籃期にこのような業績があったということは，まことに驚くべきことです。

このフィッシャーの論文は，のちに述べるボレルやフォン・ノイマンの論文が発表された後に書かれたものですが，彼らとは独立に，混合戦略とミニマックス戦略を考えたものとして貴重なものということができます。

4 ウォルドグラーヴとド・モンモール

　ウォルドグラーヴについては，トドハンターの『確率論の歴史』の中でも，イギリスの紳士として数カ所に登場しています。そこで紹介されているのは，「殿方ゲーム」ではなく，当時，ド・モアブルその他によって研究されていて，彼の名をとって名づけられていた「ウォルドグラーヴの問題」を解いた人として紹介されています。
　また他の所では，ド・モンモールがベルヌーイに宛てて，ウォルドグラーヴの仕事を紹介した手紙にふれながらも，ウォルドグラーヴのことは，ド・モンモールと一緒に研究した人物として挙げているだけで，彼が殿方ゲームを解決したことにはふれていません。
　トドハンターには，この解決の意味が十分に理解できなかったと思われます。そして，ウォルドグラーヴ自身もそれをさほど重要には思っていなかったのでしょう。
　ウォルドグラーヴというのはいかなる人物かはっきりしませんが，おそらくイギリス人 James 1st Earl Waldegrave といわれる人であろうと思われます。
　James Waldegrave は，イギリス人の Henry Waldegrave の息子として 1684 年にフランスで生まれ，フランスで教育を受け，奥さんが死んだときまでフランスにいました。そのときにカトリック教徒であることをやめています。イギリスに帰ってからは，1721 年

第1章　古き代のゲームの理論　　13

に上院議員になり，外交官としての生活に入り，ウィーンやヴェルサイユに大使として駐在し，子爵，ついで伯爵になり，ガーター勲章爵士となって，1741年に亡くなりました。彼の息子は，イギリスの名門で政治家や文人を多数出したWalpole家の娘と結婚しています。

ウォルドグラーヴの輝かしい仕事を生み出す土台となったド・モンモールは確率論史上見逃すことのできない重要人物であり，ド・モアブルが確率論の仕事をするようになったのも，ド・モンモールによって動機づけられたと考えられます。

ド・モンモールはフランス人で，1678年，パリで貴族の子として生まれ，父親が法律を勉強させようとしたので，家を出て外国を旅行したりしていましたが，旅行先で，彼の恩師であり知友であったニコラ・ド・マルブランシュ（Nicolas de Malebranche, 1638-1715）の著書 *De La Recherche de la Vérité*（真理の探究）を読んで感銘し，父と和解して21歳のとき家に帰り，それからは宗教，哲学，数学などを研究する静かな生活に入り，モンモールの土地を買って住んだので，Pierre Remond de Montmortと呼ばれるようになりました。

心ならずも兄の後を継いでノートル・ダム寺院の参事会員にさせられましたが，結婚するためにやめ，結婚後はもっぱら確率論の研究をしていました。

別に彼はギャンブルが好きであったわけではなく，ヤコブ・ベルヌーイの仕事に影響されたものと思われます。彼のように高貴な身分の出で，ノートル・ダム寺院の参事をしたような人によって，ゲームの研究がなされたことは，確率論の社会的地位を上げるのに貢献したに違いないと思います。

彼のエッセイの第1版は，彼のみによって書かれたものですが，

第2版はより包括的で，先にもふれたように，それにはニコラス・ベルヌーイとの往復書簡が含まれており，第2版を書くにあたっては，ニコラスの協力が大きかったものと思われます。

　ド・モアブルの *De Mensura Sortis*（くじの測定）(1711) は，ド・モンモールのエッセイの第1版と第2版との間に出版されましたが，そこで未解決の問題はすでに，彼とニコラスとの往復書簡の中で解決されていたものが多く，そのことが第2版で往復書簡をそのままの形で発表する動機になったものと思われます。

　この高貴で，どこかナイーブな人柄を感じさせる確率論の先達であるド・モンモールは41歳で，天然痘でこの世を去りました。そして，競争者であった後輩のド・モアブルの名が大きく輝くようになるにつれて，その名の陰に隠れて次第に忘れられ，注目されることも少なくなりました。わが国の『岩波数学辞典〔第3版〕』(1985) には，ド・モンモールの名はありません。

　ウォルドグラーヴの仕事は長い間忘れられていましたが，それから約250年経った1960年になって，フランスのゲーム理論家ギルボーによって，初めてゲーム理論の先駆的業績として紹介されたわけです。

　次に述べるサンクト・ペテルブルクの問題が比較的よく知られているにもかかわらず，このように長い間知られなかったのは，ウォルドグラーヴが専門の数学者でなかったことや，ド・モンモールやニコラスがそれほど有名な人でなかったことが，そうした運命を招いたのかもしれません。

5　サンクト・ペテルブルクのパラドックス

この時代におけるもう一つの重要な出来事は，サンクト・ペテルブルクのパラドックスと呼ばれる問題に対するダニエル・ベルヌーイの仕事です。

サンクト・ペテルブルクのパラドックスというのは，アムステルダムからサンクト・ペテルブルクまでの海上輸送の危険に対する保険の問題で，そこには，リスクを含む賭けの問題が含まれています。

この問題の最初の定式化は，前述のニコラスがド・モンモールに宛てた手紙の中にあります。従兄弟のダニエルが，それを受けて新しい理論を開拓し，

> Bernoulli, D. (1738) Speciman theoriae novae de mensura sortis（くじの計算に関する新理論）.

と題して発表しました。

彼は，賭けをする際に考慮すべき数学的期待値は，実際の金額をもとにした期待値ではなくて，それがもたらす効用の期待値をもてすべきであると主張しました。そして，その期待値を「道徳的期待値（moral expectation）」と呼び，新たに付加された財から得られる効用は，すでに所有している財の貨幣価値に反比例するという仮説を設けました。すなわち，x を個人の貨幣所得，y をこれから得られる効用とすれば，

$$dy = \alpha \frac{dx}{x}, \quad \text{すなわち}, \quad y = \alpha \log x + b$$

と表されます。これは，今の言葉でいえば，限界効用が逓減することであり，効用関数が凹関数であるということです。

彼はこの新しい効用理論を用いて，サンクト・ペテルブルクのパ

ラドックスの問題を解いたわけで，それは企業のリスクと投資に関する意思決定理論の輝かしい先駆的論文ということができます。

ダニエルの論文は，発表されてから約百年後に，ラプラス (Pierre-Simon Laplace, 1749-1827) が注目し，彼の *Théoriea nalytique des probabilités*（確率の解析）(1812) の中で，ダニエルの理論を支持して解説しています。経済学でこれを最初に取り上げたのは，クールノー (Antoine Augustin Cournot, 1801-77) の『富の理論の数学的原理に関する研究』(1838) です。

この論文のドイツ語訳は，アルフレッド・プリングルスハイム (Alfred Pringlesheim) によって 1896 年に「近代価値理論の基凝, ダニエル・ベルヌーイの僥倖の価値決定についての新理論の試み」として，ルドウィグ・フリック (Ludwig Frick) の序文と訳者のノートが付されて発表されました。

このドイツ語訳が出たのは，1870 年代から起こった限界効用理論の先駆者として，ベルヌーイを紹介することに意味があると考えられたからと思われます。

ダニエルの論文の英訳は，

    Bernoulli, D. (1954) Exposition of a new theory of risk evaluation, *Econometrica.* 22 (2): 23-36

に発表され，前記の Baumol and Goldfeld eds. (1968) の論文集に収められています（同書, pp. 15-26）。

その後，オーストリアの数学者にして経済学者である K. メンガー（後述）による

    Menger, K. (1934) Des unsicherheitsmoment in der wertlehre: Betrachtungen in Anschluß an das sogenannte Petersburger Spiel（価値理論における不確実要素，いわゆるペテルブルク・ゲームの

関連における考察) *Zeitschrift für Nationalökonomie*, 5 (4): 459-485.

において考察されています。なおこの論文の英訳がモルゲンシュテルン 65 歳記念論文集に収められています（本書 161 頁参照）。

ベルヌーイの仕事は，このようないくつかの紹介を通して比較的よく知られるようになりました。しかし，その本当の意味が理解されて，その思想が発展させられたのは，フォン・ノイマンとモルゲンシュテルンによって，ゲーム理論の基礎として，チャンスを含む効用が厳密に定式化され理論化され，フォン・ノイマン＝モルゲンシュテルン効用として確立し，決定理論の基礎として広く用いられるようになってからのことです。

シュンペーターは，これを「経済学においては，第 1 のステップから，第 2 のステップに至るには，実に 206 年を要することもあり得るのである」と述べています（シュムペーター／東畑精一訳『経済分析の歴史 2』岩波書店，1956，639 頁）。

6　ベルヌーイ一族

ダニエル・ベルヌーイは 1700 年生まれで，1725 年から 33 年までサンクト・ペテルブルクの帝室科学アカデミーの数学の教授として滞在し，その間に，前記の論文を書き，スイスのバーゼル大学に帰った後に，それを「ペテルブルク帝室科学アカデミー論文集」に発表しました。

バーゼル大学では，医学と植物学の教授になり，1750 年には物理学の教授となって流体力学や気体運動論に寄与し，フランス科学アカデミーからしばしば賞を受け，82 歳で亡くなりました。

図表1-2 ベルヌーイ一族の家系図

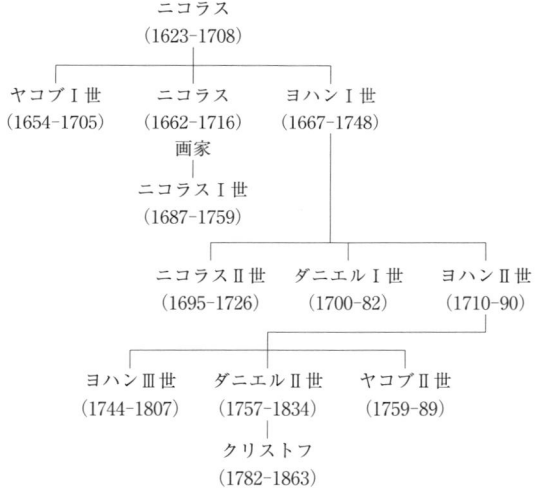

［出所］ 青本和彦ほか編『岩波数学入門辞典』岩波書店，2005，552頁．

　もう1人の協力者ニコラス・ベルヌーイは，大ニコラスの孫で画家のニコラスの子になります．サンクト・ペテルブルクのパラドックスで知られるダニエルは従弟です．

　大ニコラスはスイスの商人で，孫のニコラスは法律学を学ぶと同時に，伯父と叔父の数学の講義にも出席していました．ヤコブの死後，*Ars Conjectandi*（推測法）の編集を任され，出版したのはニコラスです．

　一時，ガリレオが教授であったパデュウ大学で数学の教授になりましたが，その大学を好きになれず，1719年にバーゼル大学に戻って論理学の教授になり，のちに法律学の教授になりました．

　数学の分野では，あまり論文を発表していませんが，前に述べた*Ars Conjectandi*（推測法）の編集を通して，ド・モンモールやド・

第1章　古き代のゲームの理論

モアブルと文通があり，両者の間でどちらが先にゲームを解いたかについて意見の相違があったときに，両方から支持を求められています。

これら多数の天才を生んだベルヌーイの一族の関係は図表 1-2 のように表されます。

ニコラスⅠ世の仕事として興味深いのは，人口動態についての研究で，ロンドンのデータから，男の子の出生率が女の子の出生率よりもわずかに大きいことを明らかにしました。

ベルヌーイ一族については，次の書に詳しく述べられています。
　松原望（2011）『ベルヌーイ家の人々——物理と数学を築いた天才一家の真実』技術評論社。

7　同時代の人々

この時代の経済学史の方を見ると，ペティ（Willam Petty, 1623-87）はすでに亡く，ケネー（François Quesnay, 1694-1774）は活躍中で，スミス（Adam Smith, 1723-90）とチュルゴー（Anne Robert Jacqes Turgot, 1728-81）は，ド・モンモール（1708）とダニエル・ベルヌーイ（1738）の論文が発表された間に生まれています。

偶然ゲーム，あるいは確率論の歴史を探れば，ベイズ（Thomas Bayes, 1702-61），ラグランジュ（Joseph Louis Lagrange, 1736-1813），ラプラス（Pierre Simon Laplace, 1749-1827）というような名が挙げられます。ベイズがゲーム理論および統計学にとって重要な人物であることは言うまでもありません。

その頃は，フランス革命の時代でしたが，フランスでは，社会数学の構想が，哲学者であり，数学者であり，なおかつ，政治家でもあったコンドルセ（Marie-Jean-Antoine-Nicolas de Caritate Condorcet, 1743-94）によって提示されています。

　コンドルセの投票の理論は，現在，ゲーム理論によって再検討され，新しい形で研究が進められています。

　彼は，1743年9月17日に生まれ，フランス革命の最中に捕らえられ，94年3月28日，獄中で死亡しました。

　コンドルセについては，トドハンターの『確率論の歴史』に詳しく紹介されています。比較的最近の紹介としては，

　　　Baker, K. M.（1975）*Condorcet from Natural Philosophy to Social Mathematics*, The University of Chicago Press.

があります。

「一瞬をいかせ」(オマル・ルイヤート『ルバイヤート』より)
　　一瞬は滅びの荒野に身をおき
　　一瞬は命の泉から生気をくみとる。
　　星は空にしづみ，人の世のキャラヴァンは
　　無のあけぼのへしづしづと近づきつつある。さあ，急げよ。

　　明日のことは誰も知らぬ。
　　明日を思うは憂鬱なるのみ。
　　この一瞬を無駄にするなかれ
　　二度と帰らぬ命　もう残りはすくない。

　　　ルイヤートは11世紀にペルシャで活躍した人。数学，天文学に秀でた科学者であると同時に哲学者であり詩人であった。『ルバイヤート』はペルシャ語で四行詩の意。英訳，竹友藻風訳，森亮訳，小川亮作訳，岡田恵美子訳などがあり，それらを参考に鈴木訳。

第2章

ゲームの理論の誕生

1 フォン・ノイマンの青年期

　20世紀に入って数学の世界は大きく変貌し，カントル（Georg Cantor, 1845-1918），ヒルベルト（David Hilbert, 1862-1943）などの大きな名前があります．ゲームの理論の2人の創立者も相次いで生まれました．

　その1人，ヨハン・ルードウッヒ・フォン・ノイマン（Johan Ludwig von Neumann, 1903-57）は1903年12月28日にハンガリーのブタペストで生まれています．

　当時は，オーストリア・ハンガリー帝国の時代で，ブタペストはこの大帝国の第2の首都でした．フォン・ノイマンの父は成功したユダヤ人の銀行家で，爵位を買って貴族になり，フォン・ノイマンと名乗るようになり，彼はその長男で，2人の弟がいます．

　幼児期は専ら家庭で教育を受け，第一次世界大戦が起こった1914年に10歳でブタペストのギムナジウムに入りました．のちにイェール大学の経済学の教授になったフェルナーはそのときのクラスメイトで，彼はフォン・ノイマンは典型的なブタペスト人である

といっています。

　少年の頃から，その天才ぶりは注目され，12歳のときには，ボレルの関数論をマスターしてしまったので，彼の先生は，父親に，普通の方法で学校の数学を学ぶのはナンセンスだといって，個人的な指導を受けることを勧め，ブタペスト大学のキュルシアク (Kurschak) 教授の指導のもとに，フェケテ (Fekete) の教えを受けました。

　1918年，第一次世界大戦が終わったときには15歳でした。第一次世界大戦の末期から，ハンガリーは極度に不安定な状態に陥っていて，世界大戦が終わった後は，ハンガリーは，ハプスブルク帝国の崩壊と国土の分割で，人口わずか868万に過ぎない小国になり，1919年には，ソヴィエトから帰ったベラ・クーンの共産主義革命があり，共産党と社会民主党との連立政権ができて，銀行の国有化が行われました。

　フォン・ノイマンの父は好ましからざる人物として迫害され，彼の一家は，身の危険を感じてオーストリアに逃れました。その政権も8月には，ホルテイ (Horty) という軍人による白色テロが起こり，その後まもなく，彼の父は銀行に戻り，彼ら一家はブタペストに帰ってきました。

　この白色テロの時代に，ハンガリーのユダヤ人はひどい迫害を受けました。フォン・ノイマンは，少年から青年に移る多感な時代に，オーストリア・ハンガリー帝国の崩壊を見たことになります。

　1921年に高等学校の卒業試験に合格したときには，すでに一人前の数学者として認められており，フェケテとともに論文を書いたときには，まだ18歳にもなっていませんでした。

　ブタペスト大学に数学の学生として登録はしましたが，もはや大学の講義を聞く必要はなかったので，チューリッヒ連邦工科大学と

ベルリン大学で過ごし，ブタペストには期末試験を受けに帰る程度でした。ベルリン大学ではアインシュタインの講義を聴き，ゲッチンゲン大学ではヒルベルトの講義を聴いています。

　フォン・ノイマンの青年時代の主な関心は集合論の公理化にあり，彼自身，公理論的集合論の仕事を自分の大きな業績の一つに挙げています。公理化への強い意欲が，やがてゲームの公理化による体系的研究を生み出す一つの源泉となったといえます。

　その頃の業績として次のようなものがあります。

　　von Neumann, J. (1925) Eine Axiomatisierung der Mengenlehre（集合論の公理化について）. *J. Reine Angew Math.* 154: 219-240.

1926年にチューリッヒ連邦工科大学で化学工学士の学位を得ると同時に，ブタペスト大学で数学の博士号を受けました。チューリッヒでは，余暇にはほとんど数学の研究をしていて，ヒルベルトの弟子にあたるワイル（Hermann Weyl, 1885-1955）やポリアに接していました。ワイルが出張したときには，その代講をしたりしていました。

　フォン・ノイマンとワイルは，その後，プリンストンで生涯の友として一緒に暮らすようになり，晩年，フォン・ノイマンは，自分が学問上の影響を受けた人として，チューリッヒ以来の師であるワイルの名を挙げています。

2 ツェルメロのチェスの理論

　フォン・ノイマンが研究者として世に出る少し前に，ゲームの理論の先駆者として，ツェルメロ（Ernst Zermelo, 1871-1953）がいます。ツェルメロは公理論的集合論の創始者で，その公理論的な方法

を用いて,

> Zermelo, E. (1913) Über eine Anwendung der Mengenlehre auf die Theorie des Schachspiels（チェスの理論への集合論の応用について）. E. W. Hobson and A. E. H. Love eds., *Proceeding of the Fifth International Congress of Mathematicians.* 2, Cambridge University Press: 501-504.

という論文を発表しています。

この論文は,チェスや将棋のような完全情報をもつゲームを公理論的集合論を用いて考察したもので,現在の言葉でいえば,完全情報をもつゼロ和2人ゲームには純戦略で最適戦略が存在することを証明しました。現在,この命題は「ツェルメロの定理」と呼ばれています。

それまで考えられていたゲームは,偶然の要素を含むゲームで,確率論の応用を意味するものでしたが,ツェルメロの考えたゲームは,偶然の要素を含まない技術のゲーム（game of skill）です。これは公理論的集合論によって,技術のゲームを考察するという新しい道を開いたものです。

フォン・ノイマンがツェルメロの論文から刺激を受け,その中の誤りを訂正したことが,友人のケーニッヒ（König）が,フォン・ノイマンの示唆によって,ハンガリーの数学の雑誌に発表した論文（〈1927〉*Acta. Sci. Math. Szeged.* 3: 121-130）の中で言及されています。

また,同じ頃,フォン・ノイマンが完全情報をもつゲームで純戦略でミニマックス解が存在することを証明したことが,同じくハンガリーの友人のカルマー（Kalmer）の論文（〈1929〉*Acta. Sci. Math. Szeged.* 4: 65-85）によって紹介されています。

3 ボレルのゲームの理論

その頃,確率論の大家であったボレル(Émile Borel, 1871-1956)は,次の3つの論文を発表していました。

> Borel, É. (1921) La théorie du jeu et les équations intégrales a noyau symētrique gauche(ゲームの理論と歪対称核をもつ積分方程式).*Comptes-Rendus del' Acadēmie des Sciences de Paris.* 173: 1304-1308.
>
> Borel, É. (1924) Sur les jeux oū interviennent l'hasard et l'habilete des joueurs(偶然とプレイヤーの技能をもつゲームについて). dans Elements de la Théoriedes Probabilités, Paris: 204-224.
>
> Borel, É. (1927) Sur les systémes de formes linéaires a déterminant symerique ganche et la theorie générale de jeu(歪対称行列式の線型体系とゲームの一般理論).*C. A. Aca. Sci. Paris.* 184: 52-54.

ボレルの論文は,chance と skill を含むゼロ和2人ゲームに関するもので,彼も純戦略と混合戦略の概念を導入して,ミニマックス解を求めています。それはウォルドグラーヴが200年前に求めて以来,初めてのことです。

しかし,これらの論文は,戦略の数が,3個,5個,7個の3つの場合だけで,しかも,2人のプレイヤーの立場が対称な場合についてのみ考察したものでした。ボレルは,一般に戦略が n 個ある場合に,ミニマックス解が求められるかどうかについては,否定的な見解をもっていました。

フォン・ノイマンは,その頃,学生でしたが,ボレルのこれらの論文を読む前に,ゲームの理論について自分のアイデアをもっていたということです。彼は,このようなボレルの仕事に対して,ミニマックス定理が証明されない限り,意味のある結果とはいえないと

言っています。

ボレルの論文は，のちにサヴェッジ（L. S. Savage）によって英訳され，それ対するフレシェ（Maurice rené Fréchet, 1878-1973）とフォン・ノイマンのコメントが *Econometrica*（21: 95-127, 1953）に収められています。

4 フォン・ノイマンの「社会的ゲームの理論」

ボレルの第2の論文（1924）が発表された翌々年の1926年12月7日に，フォン・ノイマンは，ゲッチンゲンの数学会で，ゲームの理論について報告しました。そのとき，彼はベルリン大学の私講師で23歳の若さでした。私講師というのは，ごく少数の研究者に与えられる職で，無給ですが，講義をすることができる名誉ある職です。

翌1927年には，量子力学の基礎について，ヒルベルトとノルドハイムとの共同論文と単独の論文を書いています。

> Hilbert, D., L. Nordheim, and J.von Neumann (1927) Über die Grundlagen der Quantenmechanik（量子力学の基礎について）. *Mathematische Annalen.* 98: 1-30.
>
> von Neumann, J. (1927) Mathematische Begrundung der Quantenmechanik（量子力学の数学的基礎づけ）. *Nachr. Ges. Wiss. Gottingen*: 1-57.
>
> von Neumann, J. (1928) Die Axiomatisierung der Mengenlehre（集合論の公理化）. *Math. Zeit.* 27 (1): 669-752.

フォン・ノイマンは，1926年から28年にかけて，量子力学の数学的基礎は，従来の古典力学的世界を記述する数学では不十分で，

量子力学的世界を記述する新しい数学の必要性を考えていました。したがって、彼のゲームの理論についての考察は、量子力学的世界を表現するための数学を考察中に生まれたと考えられます。

そして、1926年にゲッチンゲンの数学会で報告したゲームの理論は、28年に、さらに拡充されて、

> von Neumann, J. (1928) Zur Theorie der Gesellschaftsspiele（社会的ゲームの理論について）. *Mathematische Annalen*, 100: 295-320.

として発表されました。

フォン・ノイマンは、この「社会的ゲームの理論」の論文で、戦略という概念を数学的対象として厳密に定義し、戦略のゲームを定義しました。

そして、今日いうところの戦略形のゼロ和2人ゲームについて考察し、そこで、彼はミニマックス原理を明確に定義し、混合戦略を導入することによって、ゼロ和2人ゲームには混合戦略による解が存在することを明らかにしました。すなわち、ミニマックス定理を証明したわけです。

さらに3人ゲームについて考察し、提携の概念を導入してゲームの特性関数を定義し、その割当値（quota）と基礎値（basic value）とを求めています。そしてさらに、プレイヤーが3人以上の場合についても言及し、それに基づいてn人ゲームを定式化しました。このことは、のちの特性関数形ゲームの理論の基礎がすでに生まれていたことを示しています。

フォン・ノイマンのこの論文によって、ゲームの理論は誕生しました。ウォルドグラーヴの第一のステップから第二のステップまで215年を要したことになります。第二のステップが踏み出されるためには、フォン・ノイマンの天才を必要としました。ボレルのような大先生が否定的な見解を示している問題について、20歳を出て

間もない青年が取り組んで，それを解決したということは，この天才の人柄とその才能の強靱さを示しています。

フォン・ノイマンのこの論文は数学の論文として書かれたものですが，その注で「この問題は古典的な経済学の主要な問題である。自己の利益の追求をめざす経済人は，与えられた外的環境のもとで，いかに行動しようとするであろうか」と述べて，ゲーム的状況が経済学にとって重要な問題であることを指摘しています。

この指摘が，彼の経済学についてのいかなる理解に基づくものかはよくわかりませんが，彼の父親は優れた銀行家でしたから，経済学にも興味をもっていたと思われます。

このような注があるにもかかわらず，当時の経済学者は，誰ひとりこの論文に注目する者はいませんでした。それは，この論文が数学の専門の雑誌に発表されたことでもあり，当時の経済学者の数学の能力からみて当然とも言えます。

フォン・ノイマンの論文が発表された10年後の1938年に，フィッシャーは前述の論文を書いていますが，彼がフォン・ノイマンの論文をどのように理解していたのかは，よくわかりません。

5 タイトル Gesellschaftsspiele について

フォン・ノイマンの論文のタイトルは，「spiele の理論」ではなく，「Gesellschaftsspiele の理論」となっています。

私がこの論文を初めて読んだのは 1950（昭和25）年で，まだ学部の学生でしたが，その頃のドイツ語の辞書には，この言葉はありませんでした。

その頃は戦後間もない頃で，「日本の社会はゲゼルシャフトかゲ

マインシャフトか」というようなことがさかんに論じられていて，

> テンニエス，F.／杉之原寿一訳『ゲマインシャフトとゲゼルシャフト——純粋社会学の基本概念』理想社，初版 1954（昭和 29）（のちに岩波文庫）。

などが読まれていました。それで，私は「Gesellschaftsspiele は社会的ゲーム」「Gemeinschaftsspiele は遊戯」かなと思いましたので，フォン・ノイマンの論文のタイトルを，「社会的ゲームの理論について」としました。

1959 年に出版された私の『ゲームの理論』（勁草書房）の「まえがき」では，

> 現代資本主義は，利害の対立する経済主体からなる社会であり，ゲームも，また，相対立する幾人かのプレイヤーからなる一つの Gesellschafts である。ここに，かかる社会における人間行動の様式を理論的に究明する Gesellschaftsspiele の理論，すなわち，ゲームの理論が，現代資本主義社会の認識のために極めて有効な一つの視点たりうる要件がある。

と述べました。

また「生の哲学」で知られる偉大な哲学者で，社会学者かつ経済学者でもあるジンメル（Georg Simmel, 1858-1918）は，

> Simmel, G.（1917）*Grundfragen der Soziologie*（ジンメル／清水幾太郎訳『社会学の根本問題——個人と社会』岩波文庫，1979，81 頁）。

で，次のように述べています。

> 社会的遊戯（Gesellschaftsspiele）という表現は，深い意味において重要である。人間の間の一切の相互作用形式，社会化形成，例えば，勝利への意志，交換，党派の形成，奪取の意志，偶然の邂逅や別離のチャンス，敵対関係と協力関係との交替，陥穽や復讐——これらは何れも，油断のならぬ現実では目的内容に満たされ

ているのに、遊戯となると、これらの機能そのものの魅力だけを基礎として生きて行く。
　……
　本当の遊戯者から見れば、遊戯の魅力は、社会学的に重要な活動形式そのものの活気や僥倖にある。社会的遊戯には、更に深い二重の意味がある。すなわち、それが実質的な参加者たる社会のうちで行われるという意味だけでなく、加えて、それによって実際に「社会」が「遊戯」になるという意味がある。

　ジンメルの主著ともいうべき *Soziologie*（1908）の「第4章 闘争」は、堀喜望・居安正訳『闘争の社会学』（法律文化社，1966）として出版されていますが、そこでは、彼の社会認識である「社会化のゲーム形式」の意味が具体的に論じられています。

　フォン・ノイマンの論文のタイトルの Gesellschaftsspiele も、このような意味と考えることができます。おそらくフォン・ノイマンはジンメルの書を読んで、この言葉を使ったのではないでしょうか。

　最近の辞書、例えば『三省堂独和新辞典』（三省堂）を見るとGesellschaftsspieleの訳として「室内（社交）遊戯」となっています。これは、フォン・ノイマンの論文の最後にポーカーが取り上げられていることや、サミュエルソンなどが、ゲームの理論で考えているゲームを室内ゲーム（parlor game）ととらえていて、それが一部の人に用いられ、フォン・ノイマンの論文名も「室内ゲームの理論について」としているので、辞書にもこのような訳がつけられたと思われます。私としては、誤訳といいたいところです。

　フォン・ノイマンの論文が英訳されたのは、彼の死後の1959年に、彼に捧げられた論文集においてで、そこでは「戦略のゲームの理論について」となっています。

von Neumann, J. (1959) On the Theory of Games of Strategy, A. W. Tucker and R. D. Luce eds. *Contributions to the Theory of Games*. IV: 13-42.

6 ケインズ，ナイト，ラムジーの貢献

　ボレルやツェルメロのほかに，その頃のゲームの理論に関係深い文献として，ケインズの『確率論』(1921)，フランク・ナイトの『リスク，不確実性，利潤』(1921)，ラムジーの『真理と確率』(1926) があります。

　ケインズ (John Maynard Keynes, 1883-1946) は，『確率論』の「行為への確率の適用」の最後の一節で，次のような意味のことを述べています。

　　確率の重要性というのは確率に導かれて行動することが合理的であるという判断から来るものである。実際に確率に依存することが正当であると考えるのは，われわれが行動するさいに，多少とも確率を考えて行動しなければならないという判断に基づいている。確率がわれわれにとって，生活の指針 (the guide of life) であるのはこのためである。

　　それは，ロックが言ったように，われわれのある事柄の大部分について，神は確率のたそがれ (Twilight of Probability) を与えたにすぎず，それは，神がわれわれをそこにおくことを喜ばれた凡知凡能と執行猶予の状態にふさわしいものであるからである。

　ケインズの確率論は，彼のマクロ経済学の基礎に連なるもので，フォン・ノイマンの世界像を量子力学的世界像とすれば，ケインズの世界像は統計力学的世界像と言うことができます（鈴木『社会を

展望するゲーム理論』第14章参照)。

　ラムジー (Frank Plumpton Romsey, 1903-30) はフォン・ノイマンの同時代の人として記憶さるべき人で，フォン・ノイマンと同じ1903年の2月22日の生まれですが，1930年1月19日に26歳という若さ亡くなりました。

　今では，ラムジーの

> Ramsey, F. P. (1926) *Truth and Probability* (真理と確率)(メラー編／伊藤邦武・橋本康二訳『ラムジー哲学論文集』勁草書房，1996,所収)。

は古典としてよく知られていますが，公刊されたのは死後で，1950年前後には，ほとんど知られていませんでした。

　ラムジーの業績が期待効用原理の先駆的なものであることが知られるようになったのは，サヴェッジ (Leonard Jimmie Savage, 1917-71) の *The Foundations of Statistics* (統計学の基礎)(1954)での紹介によってでした。

　プリンストン大学のクーン教授によれば，フォン・ノイマンは，ゲーデルの不完全性定理を高く評価していたので，ゲーデル以外の記号論理学には関心がなく，ラムジーについても特に関心をもたなかったそうです。

7　フォン・ノイマンの「経済均衡成長の理論」

経済の不等式体系

　フォン・ノイマンは「社会的ゲームの理論について」を書いた翌年の1929年にハンブルク大学に移りましたが，依然として私講師でした。そして，1930年にプリンストン大学の客員教授となり，

翌31年に正式の教授になり,33年にプリンストンの高等研究所の最年少の教授になりました。

この間に,彼は,集合論,代数,量子力学についての論文を多数発表し,世界的にその名が知られるようになり,その仕事は若い天才の業績を示す例として,多くの人々に語られるようになりました。

1932年には,かの有名な『量子力学の数学的基礎』を発表しています。

> von Neumann, J. (1932) *Mathematische Grundlagen der Quantenmechanik.* Springer(フォン・ノイマン／朝永振一郎訳,みすず書房,1957)

その年,1932年の冬,プリンストン大学の数学教室で,ゲームの理論の第二の礎石ともいうべき,経済の方程式体系に関する研究を発表しました。出席した多くの経済学者には,その内容が理解されなかっただけでなく,「これは経済学か」といった類の発言もあったといわれています。

1936年になって,ウィーン大学のK.メンガーの招きによって,フォン・ノイマンは彼のコロキュウム(後述)でこの研究を報告し,その報告はK.メンガーのグループの機関誌に発表されました。

> von Neumann, J. (1937) Über ein Ökonomisches Gleichungssystem und eine Verallgemeinerung des Brouwerschen Fixpunktsatzes (経済の方程式体系とブラウワーの不動点定理の一般化). *Ergebnisse eines Mathematischen Kolloquiums.* 8: 73-83.

この論文は,対象となっている問題こそ違え,その数学的方法は彼のゲームの理論の最初の論文の延長上にあり,ゲームの理論の第二の礎石ということができます。次に述べるワルトの論文とともに,数理経済学の新時代を画するものです。

フォン・ノイマンは,この研究で,経済の均衡成長を不等式体系

第2章 ゲームの理論の誕生

で表し，利子率に等しい均衡成長率の存在とその一意性を証明しました。経済の問題を不等式体系で表したのは，経済学では，この論文が最初です。存在の証明はブラウワーの不動点定理の拡張によって行われたもので，数学的な構造はミニマックス定理の証明と同じ構造をしています。

この論文は，ゲーム理論と線型計画（当時，この言葉はありませんでしたが）の関係にも言及していて，その後の線型計画法や活動分析（Activity Analysis），均衡成長理論の出発点ということができます。

経済の一般均衡の問題を，単に変数の数と方程式の数を数える段階から進めて，その解の存在についての厳密な考察を進めるとともに，経済システムを単に方程式体系としてだけではなく，不等式を含む体系として表し，その数学的取扱いの方法を示した栄光は，次章で述べるワルトとシュレージンガーとともに，フォン・ノイマンの上にも輝くものです。

フォン・ノイマンがこの論文をメンガーのコロキウムで報告した1936年は，ケインズの『雇用，利子および貨幣の一般理論』が発表された年でもあります。

カルドアの回想

ケンブリッジ大学教授のカルドア（Nicholas Kaldor, 1908-86）はフォン・ノイマンと同じブタペストの生まれで，フォン・ノイマンの5歳年下です。イギリスのロンドン・スクール・オブ・エコノミクスに学んでいましたが，親しく付き合っていました。

カルドアは，晩年になって，フォン・ノイマンのことを回想しています。以下，その大意を紹介します。

フォン・ノイマンが，『量子力学の数学的基礎』を発表した頃の

ある日,カルドアに,「経済学に関心があるから,最近の経済理論の数学的な説明をした本を紹介してほしい」といってきたので,カルドアはヴィクセルの『価値,資本および地代』(1893) を紹介しました。フォン・ノイマンはさらに,ワルラスやボエーム-バヴェルクなどを読み,いくつかの疑問を呈してきました。

1939年ごろに,フォン・ノイマンの前記の *Ergebnisse* に掲載された論文 (1937) の抜き刷りがカルドアに送られてきて,カルドアはその重要性に気づき,チェコスロヴァキアから亡命していた経済学者モートン (George Morton) に英訳させたところ,その英訳がまずいので,フォン・ノイマンやモルゲンシュテルンなどが協力して完成させたそうです。

そして,この訳に,経済学者チャンパーナウン (David Champernowne) のコメントをつけて,1945年にイギリスの経済学誌に掲載されました。

> von Neumann, J. (1945-46) A Model of General Economic Equilibrium. *Review of Economic Studies*. 12: 1-9.
> Champernowne, D. G. (1945) A note on J. von Neumann's article on a model of economic equilibrium. 同: 10-18.

このカルドアの回想から,フォン・ノイマンは「社会的ゲームの理論について」の注で,この問題は古典的経済学の主要な問題であると述べましたが,その後も,経済学に深い関心をもっていて,その成果がこの論文になったのだと思われます。

なお,カルドアのこの回想には,ゲームの理論にふれた部分もありますが,単にふれたというに過ぎず,その脚注では,ゲームの理論は,その複雑さのために,経済学への応用にはほど遠く,それほど啓発するところもなかったので,経済学者には,やや竜頭蛇尾の感があったと述べています。

Kaldor, N. (1989) Foreword: John von Neumann, A Personal Recollection. M. Dore, S. Chakravarty and R. Goodwin eds., *John von Neumann and Modern Economics*. Clarendon Press, Oxford. 所収: vii-xi.

KMT モデル

フォン・ノイマンのこの論文の真価が明らかになるのは，カルドアによる紹介後の 1950 年代に入ってからで，1956 年になって，ケムニイ，モルゲンシュテルン，トンプソンの 3 人がフォン・ノイマンの論文をさらに発展させて，

Kemeny, J. G., O. Morgenstern, and G. L. Thompson (1956) A Generalization of the von Neumann Model of an Expanding Economy. *Econometrica*. 24 (2): 115-135.

を発表しました。このモデルは，その後，KMT モデルとして知られるようになり，多くの人がその研究に参加しました。わが国でも盛んになり，森嶋通夫先生 (London School of Economics and Political Science 名誉教授・大阪大学名誉教授) なども参加し，それを専門とする人が少なからずおりました。

こうして，フォン・ノイマンから始まった拡張経済の体系は，第二次世界大戦後の経済学に大きな影響を及ぼし，森嶋先生は，それをフォン・ノイマン革命と呼んでいました。

1970 年も半ばになって，モルゲンシュテルンとトンプソンによって，それまでの成果をまとめ，さらに充実した形で，

Morgenstern, O. and G. L. Thompson (1976) *Mathematical Theory of Expanding and Contraction Economies*. D. C. Heath and Company.

として発表されました。

第3章

オーストリア学派の思想
1930年前後のウィーン

1 オーストリア学派の人々

　ゲームの理論のもう一人の創立者であるオスカー・モルゲンシュテルン（Osker Morgenstern）は，1902年1月24日に，ドイツとポーランドの国境にあって当時はオーストリア領であったシレジアのゲーリッツ（Geliz）に生まれました。
　第一次世界大戦の始まる直前，14歳のときに家族とともにシレジアからウィーンに移住し，ウィーンのギムナジウムで学び，1922年にウィーン大学に進学しました。
　ウィーン大学は，メンガー（Carl Menger, 1840-1921），ボエーム-バヴェルク（Eugen von Böhm-Bawerk, 1851-1914），フォン・ヴィーザー（Friedrich von Wieser, 1851-1926）によって確立されたオーストリア学派成立の地です。
　オーストリア学派の特色の一つは方法論的個人主義にあり，個人の合理的行動については伝統的に強い関心をもっていました。また1920年代から30年代にかけて，完全な自由競争のもとで経済社会は必然的にある一つの調和に到達するという信仰が崩れ始め，現代

社会は基本的に利害の不調和な社会であるという認識が強まりつつありました。

ヴィーザーの思想

ヴィーザーは，財と効用との社会的関係から生ずる価値としての自然価値の概念を用いて帰属価値（imputation）や費用法則について考察し，また経済と社会勢力との関係についても深い関心をもっていました。彼の最後の著書 *Das Gesetz der Macht*（勢力の法則）では，万人に対する平等の抽象的原理は実際には不平等に導くに等しいことを述べています。高田保馬の『勢力論』なども，その系譜に属する理論ということができます。また，不確実性についても深い関心をもっていました。

これらの社会勢力理論，帰属価値，費用法則などは，協力ゲームの基礎となっています。私はゲーム理論における重要な基礎概念である imputation を配分と訳していますが，本来の意味は帰属価値です。

モルゲンシュテルンがゲーム的状況を問題意識としてもった背景には，これらのオーストリア学派の人たちのもつ問題意識と当時の支配的な経済学に対する批判的見解やマルクス経済学の影響などがあったと思われます。

非分割財の市場

それまでの経済理論の多くでは，取り引きされる財は分割可能な財で，供給量や需要量は連続な量として取り扱われていましたが，ボエーム-バヴェルクの馬の取引市場では，取り引きされる馬は分割不可能な財で，供給量や需要量は，1頭2頭というように，整数の数として表されています。

このような非分割財の市場の研究はひさしく行われませんでした。しかし,フォン・ノイマンとモルゲンシュテルンはその伝統を受け継いで,協力ゲームとして定式化し,その解の意味を詳しく考察しています(鈴木〈1959〉『ゲームの理論』の「1人の売り手と2人の買い手とからなる市場」146-150頁参照)。

オーストリア学派の第3世代

オーストリア学派の第2の世代としては,フォン・ミーゼス (Ludwig von Mises, 1881-1973),シュンペーター (Joseph Alois Schumpeter, 1883-1950) などがおります。

モルゲンシュテルンは,ハイエク,ハーバラー,マハループなどとともにフォン・ミーゼスの弟子で,オーストリア学派の最後の世代になります。

モルゲンシュテルンは,1925年,23歳のときに,限界生産力に関する理論によって経済学の博士号を受け,卒業してすぐ,ロックフェラー基金で,ロンドン,パリ,ローマを訪問し,そして,ハーバード大学,コロンビア大学で学びました。1929年にウィーンに帰って,ウィーン大学の私講師になり,35年に,33歳でウィーン大学の教授に就任しました。また,1931年にハイエクの後任としてオーストリア景気循環研究所所長に就任し,ウィーンを去る38年まで勤めていました。

その間,国際的に高い評価を受けていた経済学の専門誌 *Zeitschrift für Nationalökonomie* の編集主任をしていました。

2 ウィーン・サークル

ウィーンには，ほかに，オーストリア学派の祖C. メンガーの息子の幾何学者カール・メンガー（Karl Menger, 以下，K. メンガー，または単に，メンガーと記す），当時幾何学者だったワルト，哲学者ポパー（Karl Raimund Popper, 1902-94），K. メンガーの弟弟子で数学史上画期的な発見をした論理学者ゲーデル（Kurt Gödel, 1906-78）などがいました。

K. メンガー，ポパー，ワルト，マハループ，モルゲンシュテルンは，ともに1902年生まれの同じ歳で，1930年代は30歳代の気鋭の学徒でした。ちなみに，フォン・ノイマンは1903年，ゲーデルは1906年の生まれです。

この中でも，見逃すことのできない人物はK. メンガーです。優れた幾何学者として若いときに書いた *Dimension Theorie*（次元理論）(1928) をはじめ，論理主義的な集合論的位相幾何学でよく知られています。哲学や倫理学にも関心があり，

> *Moral, Wille und Weltgestaltung: Grundlegang zur Logik der Sitten*（道徳，意志，社会形態——習慣の論理の基礎）. Springer, Wien, 1934.

という著書があります。この著書は，倫理の問題を論理的に構成して体系的に論じたので，ヒルベルトの公理主義的幾何学の体系構成の方法にならって，社会科学の公理論的体系化ということを提案しています。倫理の論理に関する重要な貢献をなすものということができます。

経済学にも造詣が深く，父親の『国民経済学原理』を改訂して，『一般理論経済学』（1・2, みすず書房，1982・84）として出版するな

ど，経済学に関する論文も多数あります。

　本書の第1章の第5節で述べたダニエル・ベルヌーイの期待効用についての考察を含む価値の問題について，前述の「価値理論における不確実要素，いわゆるサンクト・ペテルベルク・ゲームとの連関における考察」を1927年に口頭で発表しています。

　この業績は，発表された当時も現在も，あまり注目されていませんが，モルゲンシュテルンは，この論文をフォン・ノイマンに見せて，効用理論の重要性を認識させ，われわれの効用理論の正当性を認めさせたといっています。

　メンガーは，若い仲間を集めてコロキウムを隔週に開いていました。メンバーにはゲーデルやワルトをはじめノベリン（Nobelin），タウスキー（Taussky）がおり，ほかに，チェク（Čech），クナスター（Knaster），タルスキ（Tarski）など，世界各地から多くの数学者がゲストとして招かれていました。モルゲンシュテルンは，正式のメンバーではありませんでしたが，しばしば出席していて，数学と経済学などの諸学問の交流の場となっていました。日本から訪れた人には，数学者の寺阪英孝先生（大阪大学教授）や経済学者の水谷一雄先生（神戸大学教授）などがいます。

　このグループはその成果を

　　　　　Ergebnisse eines Mathematischen Kolloquiums.

という雑誌に発表していました。

　論理実証主義の運動で哲学界に強い影響力を及ぼしていたシリック（Friedrich A. Moritz Schlick, 1882-1936）も，華やかに活躍していていました。

　まさに，1930年代前半のウィーンは，さまざまな分野で文化の花咲き誇る都でした。

フォン・ノイマンの報告

メンガーが公理主義的経済学の構築を提案していた頃,フォン・ノイマンは,前章で述べたように,集合論の公理化やヒルベルトと共同の公理主義的方法による量子力学の基礎などの論文を書いていましたが,1936年にメンガーの招きによって,このコロキウムで,前述の「経済均衡成長の理論」について報告しました。

そこには,メンガー,ワルト,ゲーデル,シュレージンガーなどが出席して確かな反応があったと思われます。モルゲンシュテルンは,残念ながら,国際連盟の会議でジュネーヴに出掛けていて,この報告を聞くことができませんでした。

このときのフォン・ノイマンの報告は *Ergebnisse* に発表されました。この雑誌は単に数学の雑誌としてばかりではなく,数理経済学の上からも論理実証主義哲学の上からも,きわめて意義深い雑誌と言うことができます。

3 モルゲンシュテルンの問題提起

シャーロック・ホームズ物語

フォン・ノイマンがゲームの理論の最初の論文を発表した1928年に,モルゲンシュテルンもまた,のちにゲームの理論への研究に取り組む源となった論文と著書を発表しています。時に外国留学中で27歳でした。

1. 論文 Morgenstern (1928) Wirtschaftsprognose und Stabilisierung (経済予測と安定). Wirtschaftsdienst, 13 (47): 1927-1930.
2. 著書 Morgenstern (1928) *Wirtschaftsprognose: Eine*

Untersuchung ihrer Voraussetzungen und Möglichkeiten（経済予測――その前提と可能性についての考察）. Julius Springer. Wien.

　この論文と著書で，モルゲンシュテルンは，「競争市場において完全に先を予見する」というのはどういうことかを問題とし，その可能性に疑問を呈しました．

　この『経済予測』の中で，『シャーロック・ホームズの回想』の中の「最後の事件」が取り上げられています．「最後の事件」というのは，名探偵シャーロック・ホームズと希代の悪才である数学者モリアティとの追いつ追われつの事件ですが，それは，それまでの経済人の原形となっていた『ロビンソン・クルーソー物語』のロビンソン・クルーソーとは違うタイプの物語で，複数の経済人のいる市場の姿です．ホームズとモリアティの話は，鈴木（1981）『ゲーム理論入門』（共立出版，20-23頁）を参照して下さい．

　モルゲンシュテルンのこの2つの文献は，いずれも今日のゲーム理論につらなる思想を述べたものです．したがって，1928年は，フォン・ノイマンの論文の発表された年というだけではなく，モルゲンシュテルンの『経済予測』の発表された年としても記憶さるべき年です．

　ついでにいえば，不動点定理で重要な役割をもつスペルナーのレンマが発表されたのもこの年です．

　　Sperner, E. (1928) Neuer Beweis furdie Invananz der Dimensionszahl und des Gebietes. *Abh. Math. Seminar*. Hamburg, Ⅵ: 265-272.

　また，ゲーデルは，1929年に論理学の基本ともいうべき「完全性定理」を，翌年30年に「不完全性定理」を証明しています．

ツォイテン（Frederik Zeuthen）の『独占と経済厚生の問題』の刊行も1930年ですから，この頃が，ゲーム的状況が意識され，ゲーム理論的な思考が生まれ，その数学的基礎が確立された時期ということができます。

　このような意味で，1928（昭和3）年は，ゲーム理論誕生の年ということができます。第一次世界大戦が終わったのが，1918年の秋で，第二次世界大戦が始まったのが1939年の秋ですから，1928年はこの2つの大戦のちょうど中間の年になります。

　ちなみに，非協力ゲームの理論の創始者ジョン・ナッシュが生まれたのは，この年の6月13日です。運命のいたずらか，私が生まれたのも，この年の1月1日です。

時間要素

　モルゲンシュテルンが『経済予測』で述べたことは，次の「価値論における時間要素」と「完全予見と経済均衡」でより明確に述べられました。

　3.　論文　Morgenstern (1934) Das Zeitmoment in der Wertlehre（価値論における時間要素）. *Zeitschrift für Nationalokonomie.* 5 (4): 433-456.

　この論文は，価値論における時間要素と期待効用とに関するもので，時間要素はオーストリア学派の伝統的な問題でした。彼は景気循環研究所の所長をしていて，現実の景気に強い関心をもっていましたから，彼が予測や予見という言葉で考えていたときの時間は，単に経済変数に時間のインデックス t を付けたようなものではなく，動学的というよりは動態的なものということができます。

　動学的と動態的の違いについては，鈴木（2007）『社会を展望するゲーム理論』（勁草書房，11-12頁）で詳しく述べましたので，参

照してください。

　フォン・ノイマンとモルゲンシュテルンは，その共同作業の中でゲームの動学化について大いに議論したと思われますが，結局それは実現しませんでした。『ゲームの理論と経済行動』では，本書の理論はあくまでも静態的であると断っていて，第6章の最後の節には，quasi-dynamic（準動学）という言葉が出てきますが，フォン・ノイマンが，動学化の問題はもうこのくらいにしておこうと打ち切ってしまったような印象を受けます。

　それはフォン・ノイマンとモルゲンシュテルンの時間についての感覚が異なるところからきたのではないでしょうか。モルゲンシュテルンの時間は上に述べたような動態的なのに対して，フォン・ノイマンの時間は，動態的というよりは動学的，あるいは，もっと物理学的なイメージの力学的な時間のような気がします。

経済政策の限界

　4. 著書　Morgenstern (1934) *Die Grenzen der Wirtschaftspolitik*（経済政策の限界）. Springer.

この著書は，それまでに論じられた諸問題について詳しく論じたものです。この本については，山田雄三先生が詳しく考察していますので，後で紹介させていただきます。

　5. 著書　Morgenstern (1937) *The Limits of Economics*（経済学の限界）. William Hodge and Co.

これは，『経済政策の限界』をさらに拡大し英語版として発表されたものです。

完全予見と経済均衡

6. 論文　Morgenstern (1935) Vollkommene Voraussicht und Wirtschaftliches Gleichgewich（完全予見と経済均衡）. Zeitschrift für Nationalokönomie, 6 (3): 337-357.

　この論文は文献1と文献2で論じた経済予測に連なるもので，この論文で，個人的予見と集団的予見との関係について吟味し，一般経済理論において，しばしば仮定される完全予見の概念は均衡の概念と両立しないことを示しました。

　『経済予測』(1928) では予測 (prognose) ですが，「完全予見と経済均衡」では予見 (voraussicht) となっています。予測と予見の違いを意識して，予見による予測の可能性について考えたのではないかと思います。

　この論文の主要な論点は，将来の経済状態の予見あるいは期待は将来の個人の行動の予見を含むものであるから，相互の予見の作用反作用の終わりなき連鎖に導き，この連鎖を破るものは，むしろ不完全予見に基づく行動であり，したがって，完全予見という前提はそれ自体パラドックスを生み，経済の均衡を成立させる必要条件でも十分条件でもないということでした。

　この論文の中で，リスクを含む理論の新しい構成が要求されるとして，その方向についても若干指摘しています。不確実性の問題はモルゲンシュテルンの生涯の問題であったといえます。

　「完全予見と経済均衡」は非常に高い評価を受け，論理実証主義哲学のシュリックを中心とする人々のセミナーでも報告し，哲学者からも注目され，当時の思想界にも大きな影響を与えました。

　当時，アメリカ経済学界の一方の旗頭でシカゴ大学の教授であったナイトは，「完全予見と経済均衡」が発表された直後に，シカゴ大学での彼のクラスでテキストとして読んだそうです。そして，ナ

イトのもとで学んでいたスティグラーによって英訳されています。

モルゲンシュテルンがナイトの影響を受けたことは、彼の論文から知ることができますが、ナイトもモルゲンシュテルンの仕事を高く評価していたことは、このことからも知ることができます。

「社会的ゲームの理論」を知る

モルゲンシュテルンが「完全予見と経済均衡」について、メンガーのコロキウムで報告した際、その後のお茶の席で、位相数学の専門家であるチェク（Eduard Čech, 1893-1960）が、モルゲンシュテルンに、あなたが報告した問題はフォン・ノイマンが1928年に発表した「社会的ゲームの理論について」で取り扱った問題と同じ性質のものであるといって、その理論の考え方や結果を話して、この理論を研究するように勧めました。

これが、モルゲンシュテルンがフォン・ノイマンの論文について知った最初でした。モルゲンシュテルンは、すぐにもその研究に取りかかりたかったが、彼は景気循環研究所の所長として、現実の問題の研究で忙しく、なかなか取り組めなかったといっています。しかし、強い関心をもっていて、ワルトを先生にして、集合論や位相数学、さらに、ゲーデルの論理学などの勉強をしていました。

公理主義的方法

7. 論文 Morgenstern (1936) Logistik und Sozialwissenschaften（論理学と社会科学）. *Zeitschrift für Nationalökonomie.* 7 (1): 1-24.

この論文は、モルゲンシュテルンの論理実証主義的傾向を示すもので、ヒルベルトの公理主義的幾何学の体系構成の方法にならって経済理論の公理主義的体系化について考えたもので、現在の公理論

的経済理論を先取りしたものです。その中で，特に科学的言語の創造，システムの公理化，それに基づく社会科学や倫理学の再構築ということを強調しています。

モルゲンシュテルンはラッセルの提唱したタイプ理論という論理学を挙げ，複数の人間がいるとき，自分と相手との将来の行動について，自分と相手とがもっている知識の相互依存関係を考察する際に，その論理は不可欠であるといっています。

この考えは，メンガー，ゲーデル，あるいはポパー（後述）などとの議論から生まれたと思われますが，オーストリア学派の知識論の初期のものといえます。シャーロック・ホームズとモリアティの間の予見の相互関係はそれに相当し，完全予見の問題の論理的基礎をなすものです。

ヒルベルトの講義を聴いたことが基礎にあり，また，ゲーデルが「不完全性定理」のアイデアをもったのが1928年といわれていますから，ゲーデルの思索から影響を受けたことも考えられます。

この問題は，現在のゲーム理論でいえば，共通認識（共有知識）の問題になります。今では，この共通認識の意味を明らかにすることから出発して，ナッシュ均衡がどのような認識論的構造によって達成されるかなどについて，数理論理学的方法による研究が行われています。

モルゲンシュテルンの「価値論における時間要素」と「完全予見と経済均衡」「論理学と社会科学」などのドイツ語の論文の英訳，そのほかのいくつかの論文，シュンペーター，ワルト，そのほかの人々のついての回想など，30編の論文が，ニューヨーク大学のショター教授によって編纂されています。

  Schotter, A. ed. (1976) *Selected Economic Writings of Oskar*

Morgenstern. New York University Press.

4 数理経済学の確立

一般均衡理論の基本的問題

ウィーン・サークルの中でも特筆すべきことは，シュレージンガー（Karl Schlesinger, 1889-1938）とワルト（Abraham Wald, 1902-50）による経済の一般均衡理論の論文です。

当時の経済学では，完全な自由競争のもとで経済社会は必然的にある一つの調和に到達するという信仰がようやく疑問をもたれはじめ，現代社会は基本的に利害の不調和な社会であるという認識が強くなりつつありました。ヴィーザーの社会勢力理論などもその一つの現れです。

一般均衡システムに解が存在するかどうかを，単に変数の数と方程式の数とが一致するかどうかを検討するだけの段階を越えて，そこに存在する問題の困難さを最初に指摘したのは，ドイツの数学者レマーク（Robert Remak, 1888-1942）でした。

レマークは1888年にベルリンで生まれ，群論や二次形式などの研究をし，1929年から33年までベルリン大学の私講師の職にありましたが，第二次世界大戦中，アウシュヴィッツで亡くなりました（Baumol and Goldfeld eds.〈1968〉pp. 271-277 参照）。

シュレージンガーとワルト

その後，ドイツのナイサー（Hans Neiser）やシュタッケルベルク（Heinrich von Stackelberg, 1905-46），デンマークのツォイテンなどがこの問題を考察していますが，その中でもウィーンにあったシュレ

ージンガーとワルトの共同研究が最も深くかつ厳密でした。

シュレージンガーは，もともとはハンガリーの銀行家でした。フォン・ノイマンのところで述べたように，第一次世界大戦後，ハンガリーは，ハプスブルク帝国の崩壊と国土の分割で，人口わずか868万に過ぎない小国になり，革命，反革命と相次ぐ変動が続き，その間，ハンガリーのユダヤ人はひどい迫害を受け，多数のユダヤ人が殺害されたり，国外に逃亡したりしました。科学者をはじめ，バルトークのような芸術家など，広い分野で，才能のある多くの若者が国を脱出しました。

シュレージンガーは，その初期の脱出者の一人で，彼はウィーンに来て，そのまま留まり，ウィーンの経済学者と交流を深めていました。大学に席があったわけではありませんが，裕福だったので，彼の美しい家はしばしば議論の場所となり，コーヒー・ハウスで議論のときを過ごすこともしばしばでした。彼の銀行家としての経験と優れた分析力とはウィーンの経済学者に大きな影響を与え，数学的分析にも関心が深く，メンガーのコロキウムにも出席していました。

ワルトもまたハンガリー生まれです。オーストリア・ハンガリー帝国が崩壊した後，彼の生まれた町はルーマニア領になり，彼はルーマニアという国の生活になじめず，1927年の秋，25歳のときに，メンガーのもとで幾何学を勉強するためにウィーンにやってきました。

1933年にヒトラーがドイツで政権をとってから，多くの科学者や芸術家がドイツを逃れて国外に去りました。シュレージンガーはウィーンにあって，これらの亡命者の世話をしていて，彼を頼って来る経済学者や社会活動家がたくさんいました。

シュレージンガーには，1914年に出版されたワルラス的貨幣理

論に関する著書があります。それはワルラスの貨幣理論をワルラス以後改善した最初のもので、きわめて独創的で示唆に富んだものですが、長い間まったく無視されていました。

> Schlesinger, K. (1914) *Theorie der Geld und Kreditwirtschaft* (貨幣と信用経済の理論). Duncker and Humblot, Munich.

この本については，

> Marget, A. W. (1931) Léon Walras and the "Cash-balance Approach" to the Problem of the value of Money. *Journal of Political Economy*, 39: 569-600.

という紹介があったにもかかわらず，この本が本格的な検討を受けたのは，1965年に至ってでした。

> Patinkin, D. (1965) *Money, Interest and Prices. Harper*, 1st.: 1956, 2nd. (パティンキン／貞木展生訳『貨幣，利子および価格』勁草書房，1971)。

このような第一級の仕事が無視されていることに対して，シュンペーターは，この書は，「われわれの分野における第一級の業績たることが，人気を博する必要な条件でもなければ充分な条件でもないという事実の感銘的な例たるものである」と述べています（シュムペーター／東畑精一訳『経済分析の歴史6』岩波書店，1960，2276頁）。

モルゲンシュテルンも，このほかにもドイツ語による優れた業績が無視されていることの多いことを嘆いていました。

シュレージンガーは，その貨幣理論の本の中で，当時としては珍しいほどに数学を用いていて，経済現象の数学的な分析に強い関心をもっていました。数学を勉強したいという彼の希望により，モルゲンシュテルンが，ワルトの何がしかの生活の援助にと，シュレージンガーの家庭教師にワルトを紹介したのが，2人が知り合うきっかけでした。

ワルトは，現在は統計学者として知られていますが，彼はもともとは幾何学者で，優れた業績を挙げていましたが，当時の世界的な不況や，彼がユダヤ人であることなどの理由で，どこの大学にも席を得ることができず，モルゲンシュテルンが所長をしていた景気循環研究所で，アルバイトをして生活費を得ていました。モルゲンシュテルンのお姉さんにドイツ語を教えてもらっていたそうです。

一般均衡の存在

ワルトが景気循環研究所に席をおいたのは，まったく生活のためでしたが，次第に経済学や統計学に興味をもつようになり，シュレージンガーとワルトの共同研究が始まり，そして，彼らの得た結果は数理経済学上，画期的ともいうべきもので，現在の数理経済学の出発点となったものということができます。

彼らの成果は，メンガーのコロキウムの機関誌に1933年から35年にかけて次々と発表されました。

> Schlesinger, K. (1933-34) Über die Produktions-gleichungen der ökonomischen Wertlehre（経済価値論における生産方程式について）. *Ergebnisse eines Mathematischen Kolloquiums*, 6: 10-11.
>
> Wald, A. (1933-34) Über die eindeutige positive Losbarkeit der neuen Produktions-gleichungen（新しい生産方程式の正の一意解について）. Part Ⅰ, *Ergebnisse eines mathematischen Kolloquiums*, 6: 12-18.
>
> Wald, A. (1934-35) Über die Produktions-gleichungen der ökonomischen Wertlehre（経済価値論における生産方程式について）. Part Ⅱ, *Ergebnisse eines mathematischen Kolloquiums*, 7: 1-6.
> (Baumol and Goldfeld eds. (1968) pp. 278-293 参照)

ワルトがメンガーのコロキウムで報告した際に寄せられたゲーデルのコメントが，ワルトの論文に付せられています。優れた数学者

と経済学者とが一堂に会して，画期的な研究を次々と発表していたこのグループの雰囲気を伝えて興味深いものがあります。

これらの論文は，数学者向けのスタイルをとっているため，モルゲンシュテルンは，経済学者向けに書き直して発表することを勧め，その結果，次の論文が発表されました。

> Wald, A. (1936): Über einige Gleichungssysteme der Mathematischen Ökonomie（数理経済学の方程式体系），*Zeitschrift fur National Ökonomie*, 7: 637-670.

ワルトの研究については，当時，ウィーンに留学していた水谷一雄先生によって日本に紹介されています。

> 水谷一雄 (1938)「Cassel の生産方程式の一義解について── Wald の方法に対する一疑問」日本経済学会第三大会記録。

ワルト，シュレージンガーの論文の真価が明らかになるのは，1950年代に入ってからでした。これらの論文が多くの経済学者に届くまでには，ゲームの理論の成立を必要としたのです。

その頃のウィーンは，オーストリア・ハンガリー帝国が崩壊したとはいえ，その栄光の残光はまだ輝いていて，文化の花の咲き誇る都でした。こうした中央ヨーロッパの文化の土壌の中から，ゲームの理論は生まれたということができます。

5 山田雄三先生の『計画の経済理論』

計画とは何か

日本で最初にゲームの理論を紹介したのは一橋大学（当時は東京商科大学）教授の山田雄三先生で，先生は1935年から37年にかけ

てウィーン大学に留学し,モルゲンシュテルン,K. メンガー,ワルトなどと親しく付き合って,その影響を受けています。山田先生も 1902 年 12 月 20 日生まれで,この人たちと同じ歳です。

山田先生の『計画の経済理論——序説』(岩波書店,1942／勁草書房,1951)には,先生のウィーン留学時代の影響が強く残っていて,ナイトやモルゲンシュテルンの不確実性,不完全知識,予想,相互の予想の効果などについて論じています。

『計画の経済理論』は,「計画とは何か」を問うことから出発して,経済秩序を計画的に見る視点から書かれたもので,次の 3 つの編からなっています。

　　　第一編「自然的」から「計画的」へ
　　　　第一章　自然法経済学批判
　　　　第二章　近代経済理論と自由主義観
　　　第二編「計画」の問題
　　　　第三章「個体経済に於ける計画(個人的計画)」
　　　　第四章「国民経済に於ける計画(国家計画)」
　　　第三編「計画経済」の問題
　　　　第五章「計画経済論一般」
　　　　第六章「経済計算論の吟味」
　　　　第七章「計画経済の価格理論」

第二編第三章の「個人的計画」というのは「個人の行動計画」のことで,先生は「計画とはもともと将来に向かっての行動であり,したがって,予想的性格をもつべきものである」と言っています。これはまさにゲーム理論でいう行動計画,すなわち,戦略にほかなりません。

不確実性

ナイトの『リスク,不確実性,および利潤』(1933) はモルゲン

シュテルンの時間要素や完全予見の考察に大きな影響を及ぼしましたが、山田先生も『計画の経済理論』の中で、ナイトから、いくつかの文章を引用しています。

まず、第三章の「個人的計画」の冒頭に、ナイトの「不確実性が導入されると、このエデンの園のような状態はその性格を全く変えてしまう」という言葉を挙げています（同書、57頁）。

そしてさらに、ナイトから次の言葉を引用しています。

> 我々が生活しているのは変化ある世界であり、不確実の世界である。我々はただ、将来について若干の事項（something）を知ることによって生活している。しかし生活の、もしくは少くとも行為の諸問題は、我々が十分に知識を持たないという事実から浮かび上るのである。このことは、生産的行為にも、また他の行為領域においても真である。本質的なことは、多少の基礎と評価とを持ちつつ、意見（opinion）によって行為することであり、それは全然無知ではないが、しかし全然完全な知識でもなく、ただ部分的な知識をもつに過ぎないのである。（ナイトからの引用終わり）

それに続いて、山田先生は、

> ナイトによれば、「不確実性」は知識の問題になり、わけても「不完全知識」の問題になる。さらに経済の上では、「測定不可能なもの」があるという問題になる。確実性と完全知識との世界は、ナイトの用語よれば、「自動機械」であり「エデンの園」である。しかも一般に知識の不完全なところに生活の問題が浮かびあがるとするならば、従来の経済学におけるような「エデンの園」の経済体系は、経済そのものの問題すらない世界の想定と言わなければならないであろう。　　　　　　　　　　　（同書、61-62頁）

と述べています。そして、さらに、

> 個人は全体について完全な知識を持ち得ないのにもかかわらず、

全体についての何らかの見透しを持たなければ，経済を営むことはできない。そこに，予想の問題が成立するのである。普通の言葉で言えば，「個人主義的」経済の構成そのもののうちに，予想的行為の原因が存するのである。それは単に経済外的予見についての不完全知識に由来するのではない。これについてモルゲンシュテルンは『経済予測』において次のように述べている。曰く，「経済行為者が売買する財の価格も，また与件〔行為の拠点〕であり，且つその価格の形成については，彼は直接の影響を意識せず，それに効果的に作用を及ぼすことができない。価格は他の経済行為者の行動の結果であり，したがって，他の行為者の行動が彼の行為の拠点に属することになる。……私の行動は他人の行動に依拠し，他人の行動もまた再びその構成的指標として，私の以前の態度および今期待される態度を含んでいるのである。一人の人の行為が他の人の行為のうちに反射するということは，単なる外面的な行為の領域を超えたものである。この反射は，純外面的な諸要素にのみ限定されるものではない。経済主体の考慮すべき最も基本的な構成要素は，与件変動についての他人の以前の蓋然的知識を評価することである。……（モルゲンシュテルンからの引用終わり）

　この複雑な行為相互の関連という事態の洞察によってのみ個人的計画における予想の真相は理解されなければならないと思う。

　かくて我々は予想，したがって不完全知識が実は個人主義的な経済社会における個人と全体との関係に由来すると考えるものである。
　　　　　　　　　　　　　　　　　　　　　　（同書，67-69頁）

と述べ，予想の問題は根本的には個人が全体を見通すことができないという経済社会の構造そのものに基づくものであるとし，さらに予想の導入による経済均衡の不安定性について論じています。

政策間の客観的関係

第四章「国民経済に於ける計画（国家計画）」の国家計画というのは，個々の具体的な政策を何らかの方法によって統一した体系という意味ですが，より広い意味での社会的な計画についても当てはまります。

一般に政策とか計画を考えるとき，まず最初に目的は何かが問われ，「目的が設定されれば，そこから最も合理的手段が客観的に決まる」というのが普通です。このような「目的と手段の体系」としての計画観を，私は「目的論的計画観」と呼んでいます。それはロビンソン・クルーソー的最大化計画ということができます。

その場合，個々の具体的政策の目的は何か，そして，それを統一した計画全体としての目的は何かが問題になります。そのためには，個々の政策の目的がもつ客観的意味を明らかにし，それらの相互の論理的関係から，国家計画の目的，あるいは目標が定められることになります。

社会的計画では，「目的は何かを問う」ということは「計画の社会的理念を問う」ということで，それは，しばしば社会善であったり社会正義であったりします。

しかし，モルゲンシュテルンは，政策的主張の客観的意味とは，もともと科学的な真偽の論証を許さざる信念や利害に根ざすのであるとして，計画の目的や理念の間の客観的論理的関係（objective logical relationship）から計画体系を求め，そこから一つの計画案を決定するという考えを排除しています。山田先生は，この言葉を「意味関連」と訳しています。

政策間の効果関連

経済計画，より一般的には，社会的計画という行為は，ある経済

秩序，より広くは社会的場において行われるものであるということができます。複数の人間からなる社会的場は，ゲーム理論でいうゲームにほかなりません。国家計画における個々の具体的政策がある経済秩序において行われるということは，そこで定義されるゲームのルールのもとで行われるということです。

そこでは，個々の政策（戦略）の相互作用により，経済効果の相互依存関係が生じます。それは人間の態度を反映し，かつ人間の態度に影響を与えるものであり，個人および社会群が相互に反応し合うものです。モルゲンシュテルンはこの関係を interdependence of economic effects と呼び，山田先生は「効果関連」と訳しています。

先の「意味関連」に対比するもので，この概念は政策（戦略）の間の関係だけでなく，プレイヤー間の関係，あるいは社会を構成するいくつかの部分ゲームの間の関係，さらには理論と意思決定主体との関係についてもいうことができます。

山田先生は，モルゲンシュテルンから，いくつかの文章を引用しながら，次のようにいっています。

> 政策上の「効果関連」を複雑にしているのは「社会の利害関係」であって，経済社会には利害を共通するいくつかの社会群があり，ある政策は，ある群の人々に利益を，他の群の人々には不利益をもたらす。政策者はかかる利益・不利益の効果を見て，望ましき道を選ぶと同時に可能なる道を選ぶ。　　　（同書，164頁）

> モルゲンシュテルンの効果関連のうちには，一種の合理性が含まれている。ここでいう合理性とは諸要求が経済秩序を通して実現する過程における相互関連のうちに，言わば外面的に，認められるものであって，合理主義というのはむしろ内面的な要求そのものの問題である。内面的な要求そのものは結局信念に根ざすとい

う他はないが，要求相互の関連は経済秩序の認識によって論理的に究明さるべきものが認められるのである。我々が計画の理論と言っているのは，かかる合理性を指すのであって，決して合理主義の要求を指すのではない。 (同書，166頁)

ここに於て我々はモルゲンシュテルンが『あたかも個人の場合にすべての経済行為が関連し合う如く，また進んで交換経済に於てすべての個人が互に結合し，すべての売買が何らかの仕方において影響しあう如く，経済的干渉の各方策は，既存の，或いは単に計画中の他の方策に効果を及ぼす』と述べている趣旨を理解し得るのである。 (同書，169頁)

そして，この節の先生の言葉を要約すれば，ほぼ次のようになります。

「我々の前には，多くの国家政策があり，経済形態がある。経済秩序を可変的なものと見，したがって，国家計画を含む経済秩序をとらえようとするならば，国家計画と経済秩序とを切り離して考えてはならない。ここに計画の理論の真の課題が成立するのである。」(同書，173-174頁参照)。

このように，モルゲンシュテルンの文章を引用しながら，経済政策における自由対干渉の対立という視点から，政策相互間の効果関連について説明しています。すなわち，種々の政策の要求，さらには個々の国民の要求が経済秩序を通して，その解として実現する過程に合理性が認められるということで，ゲーム理論的にいえば，要求実現の相互依存関係をゲームの構造として認識することによって，いかなる解が導かれるかを論理的に究明しなければならないということになります。

経済秩序を可変的なものと見るということは，「いくつかのゲー

ムを念頭においで考えなければならない」ということです。多様な形式のゲームを考え，それらの総合的な形式化の中で，計画を総合的に考えることを意味すると見ることができます。

　これらは，相互に相手の行動を予見して，それに応答するというゲームにおけるプレイヤーの態度を意味しています。社会群というのも，提携（結託）の概念といってもよいと思います。個々のプレイヤー，または，社会群の利害関係の中で，「実行可能な最適反応政策を選択しなければならない」ということになります。

　国家計画が，国全体として，ある状態を実現しようとするものである限り，個々の国民の個人的行動計画，あるいは，他の国々の計画との間の効果関連を考慮した上で，計画案が決定されなければなりません。他者の存在を無視できるならば，そこには，社会的計画の問題は存在しないことになります。

　山田先生のこれらの文章から，オーストリア学派の人々が，国の政策，あるいは計画というものは，不確実性を含み，いくつかの社会群の対立による利害関係を考慮して初めて実行可能であると考えていたことを知ることができます。

　それはまさに，ゲームの理論や不確実性の問題の主題で，モルゲンシュテルンやその近くにいた人たちが，ゲーム的状況を明確に意識していたことを知ることができます。

　そして，山田先生がウィーンでゲーム理論成立前夜ともいうべき雰囲気の中にいたことを示しています。

第4章

ゲームの理論の成立までのヨーロッパの情勢

1 ヨーロッパのバルカン化

　フォン・ノイマンもモルゲンシュテルンも，ともにヨーロッパで生まれ，のちにアメリカに渡ってプリンストンに落ち着いたわけですが，このこと自体，当時の中央ヨーロッパの政治情勢の産物であり，1930年代という時代の産物です。

　第一次世界大戦後のヨーロッパは，ヨーロッパのバルカン化といわれたように，国は小さな単位に分割され，政治の面では，革命・反革命が繰り返され，混乱の度を増してゆき，経済の面では，経済単位が小さくなって，戦勝国のイギリスでさえ昔日の面影を失い，経済の中心はアメリカに移ってしまいました。

　そして，「完全に自由な競争のもとでの経済活動は必然的に調和ある社会に導く」という信仰をもつことはできなくなりました。

　世界経済は，もはや完全競争の経済ではなく，利害の対立する経済主体間の激しい競争は，調和に導く代わりに独占的企業の発生や労働者の団結を生み出し，独占資本主義の社会になりました。

　フォン・ノイマンとモルゲンシュテルンの論文が発表された

1928年をとってみても、すでにドイツ経済は破綻し、イタリアではファシスト大評議会が正式の国家機関となり、ソ連ではモスクワで第6回コミンテルン（国際共産党）大会が開かれ、第1次5カ年計画を開始し、アメリカではフーヴァーが大統領に当選した年でした。ベルリンでは、ブレヒトの「三文オペラ」が上演され、ヨーロッパの破局と転換の時代と呼ばれています。

日本では、銀行の取り付け騒ぎが起こって金融恐慌が始まり、満洲では張作霖爆殺事件が起こっています。次の年の1929年には、ニューヨークの株式市場で株価が大暴落し、世界恐慌が始まりました。

こうした状況は、経済学にも反映し、この頃から不完全競争の理論や独占的競争の理論が盛んになってきました。現実的感覚に富んだモルゲンシュテルンは、当然、このような状況に強い関心をもっていました。彼の1928年から始まる一連の論文は、こうした時代背景から生まれたともいえます。

2 フォン・ノイマン，プリンストンへ

フォン・ノイマンの師ワイルは、1928年から29年にかけてプリンストン大学に招かれて渡米しました。フォン・ノイマンは、ワイルの推薦によって、1930年にプリンストン大学に6カ月契約の短期の講師としてアメリカに渡り、翌31年にアメリカ合衆国の市民権を得て帰化し、プリンストン大学の正式の教授の席を提供され、数理物理学の教授に就任しました。

その頃、ドイツでは、ナチの勢力が強くなり、1933年に、ヒトラーが政権を獲得し、ドイツはナチの支配するところとなりました。

1930年に，ヨーロッパから逃れてくる人々のために，プリンストンに高等研究所が設立され，フォン・ノイマンは，アインシュタイン，ワイル，エンリコ・フェルミ（ノーベル物理学賞の受賞者，イタリア出身のユダヤ人）などとともに，その教授に迎えられました。時に彼は30歳で，最年少の教授でした。

ハンガリーを脱出したフォン・ノイマンの友人としては，経済学者のカルドアやフェルナーのほかに，プリンストン大学の物理学の教授になったオイゲン・ウィグナーや，レオ・ジラード，デニス・ガボーなどがいます。

ハンガリーから多くの優れた学者が生まれたことについて意見を求められたとしたら，フォン・ノイマンは，おそらく次のような意味のことをいうであろうと友人たちはいっています。

すなわち，これはいくつかの文化的要因が重なったもので，中央ヨーロッパのこの地域の社会全体に対する外からの圧力，自分の存在についての極度の不安定感，あるいは，異常な事態の発生や死に直面する必然性などの要因が挙げられる，と。

> フレミング，D.＝B.ベイリン編／ジラードほか著／広重徹・渡辺格・恒藤敏彦訳『亡命の現代史3 自然科学者（知識人の大移動1）』みすず書房，1972，194頁参照。

この異常事態が発生するかもしれないという危機感や死の必然性ということは，それからのフォン・ノイマンの仕事の底辺に流れている感覚ではないかと思われます。それはまた，同じような境遇にあったモルゲンシュテルンにもいえることです。

フォン・ノイマン自身は，ハンガリーの国籍を捨てて，アメリカ合衆国の市民となったことについて，「当時，ドイツの大学での教授のポストが非常に少なく，来る3年以内に考えられるポストは僅か3つしかなく，それに対する候補者の講師の数は40を超えてい

たからだということと、ヨーロッパの政治情勢では、知的な仕事をすることが困難であると感じたことによる」というようなことを言っています（同上書、195-196頁参照）。

　研究所との契約で、彼は6カ月間ヨーロッパで過ごすことを許されていましたが、ドイツを訪れたときの印象を郷里のブタペストから高等研究所の数学者ヴェブレンに宛てた1933年6月19日付の手紙で、

> 他方、ドイツはきわめて憂鬱です。われわれはゲッチンゲンで3日間、残りをベルリンで過ごし、ドイツの今の狂気の効果を観察し評価することができました。ただもう恐しいことです。第一にゲッチンゲンで、この連中があとわずか2年ものさばれば、それは（不幸にも、非常にあり得ることです）、ドイツの科学の一世代——少くとも——にわたって破壊してしまうことは明白です。
> ……
> クーラントにも会ったが、彼はおそらく一番気の毒です。なぜなら、彼の生涯の本質的な部分であるゲッチンゲン数学教室が、彼がもし地位を失えば、多分そうなりそうですが、彼の手から失われるからです。
> ……
> 多数の学位直前あるいは直後の有能な学生がいるが、ドイツでは彼らの存在は不可能になるでしょう。　　　　（同上書、97頁）

と述べています。
　当時、ヒトラーは

> われわれの政策は、科学者に対しても、取消したり修正されたりすることはない。ユダヤ人科学者の解雇が今日のドイツの科学の消滅を意味するというのなら、われわれは何年間か、科学なしでやってゆくだろう。　　　　　　　　　　（同上書、125頁）

と言ったと報じられています。

3 ウィーン・サークルの人々の脱出

1933（昭和8）年，ヒトラーがドイツで政権をとった年，日本は国際連盟を脱退し，1936（昭和11）年には，二・二六事件が起こり，日独防共協定が結ばれました。また，ベルリンでは，「前畑がんばれ」で有名なオリンピックが開催され，イタリアではエチオピア併合が宣言され，スペインでは内乱が始まりました。

山田雄三先生がウィーン留学から帰国した1937年の7月7日に，中国において盧溝橋事件が起こり，日中戦争が始まり，その年の11月に，イタリアが日独防共協定に参加し，日独伊三国枢軸が成立しました。

ナチが政権をとると，ドイツの多くの知識人が国外に逃れましたが，ウィーンは一時はそれらの人々の受け入れ先であり，シュレージンガーは逃れてきた人々を助ける活動をしていました。

しかし，それもわずかの期間で，やがてオーストリア自身も「オーストロ・ファシズム」の波にもまれるようになり，オーストリア・ハンガリー帝国から受け継いだウィーンの文化も，小さい貧しい農民国家となったオーストリアには重荷にさえなっていました。

そして，ファシズム勢力は学問の内部に干渉し，多くの知識人がオーストリアから脱出しました。

ユダヤ人排斥の運動も盛んになり，ユダヤ人だった論理実証主義の指導者シリックは，1936年6月22日，精神障害のあった昔の教え子に殺されました。私は，その時の様子を水谷一雄先生から伺ったことがあります。

Ergebnisse の廃刊

K. メンガーたちの機関誌 *Ergebnisse* はユダヤ人の論文を多数掲載したことによって批判され，1937年に第8号をもって廃刊せざるをえなくなり，K. メンガーはアメリカに逃れ，当初ノートルダム大学に，次いでイリノイ工科大学に席を得ました。

メンガーは当時の様子をワルトの追悼録の中で，「ウィーンの文化はその所有者が土地と光を与えることを拒み，一方，悪魔の如き隣人がその花園をすべて破滅させようと機会を窺っている，か弱き花の床のようなものであった」と述べています (Menger, K.⟨1952⟩ the Formative Years of Abraham Wald and his Works in Geometry. *Annals of Mathematical Statistics.* 23: 14-20)。

機関誌 *Ergebnisse* が廃刊されたことにより，ワルトが第3章（56頁）でふれた2つの論文に続いて完成させていた第3の論文は，ついにその後も発表されませんでした。おそらく，ワルトがウィーンからアメリカに逃れた際に紛失してしまったものと思われます。

モルゲンシュテルンは，それは交換均衡に関する優れた定理を証明したものであったが，その記録は，当時，彼とともにあった人々の記憶の中にのみ残っているだけであると言っています。

モルゲンシュテルン，プリンストンへ

1938年1月，モルゲンシュテルンは，カーネギー国際平和基金というナチに追われた人々の救済に活躍した財団による支援によって，アメリカ訪問教授としてアメリカに渡り，その渡米中の3月12日，ナチ・ドイツ軍の軍靴にオーストリアは蹂躙され，翌13日には，ドイツとオーストリアの併合が宣言されました。

教養深い人であったシュレージンガーは，その日，必ずしもその身に直接の危機が迫ったわけではありませんでしたが，自らその命

を断って，亡命の身にあってもなお学問を愛し自由を愛したその生涯を閉じました。

モルゲンシュテルンは，ナチの手によって好ましからざる人物として，ウィーン大学の教授の職と景気循環研究所所長の職を解任され，後任としてナチの協力者が就任しました。そのことを彼はアメリカにあって聞き，アメリカに留まること決意しました。

アメリカのいくつかの大学から招聘を受けましたが，プリンストン大学からの招聘を受け入れました。プリンストンならば，フォン・ノイマンと知り合いになることができ，彼から刺激を受けることができるかもしれないという期待からでした。

ワルトの渡米

ウィーンに留まっていたワルトは，景気循環研究所の職を，モルゲンシュテルンの後継者になったナチ側の人物によって解雇され，行き場を失っていましたが，メンガーやモルゲンシュテルンの尽力でアメリカに渡りました。

ワルトの両親をはじめ8人の家族は，ヨーロッパに残っていましたが，アウシュヴィッツで殺されました。

彼は幾何学者として立つことを望んでいましたが，幾何学よりは統計学の方が職を得やすいとう事情もあり，モルゲンシュテルンの強い勧めで，統計学者になることを決意し，コロンビア大学に統計学者として席を得ることができました。統計学者としての多くの優れた業績を思うと，このことは，統計学やゲーム理論，さらには経済学にとって大きな幸いでした。

ゲーデルの渡米

論理学者ゲーデルは，第二次世界大戦が勃発した翌年の1940年，

プリンストンの高等研究所に招かれてアメリカに移りました。ゲーデルがプリンストンにきて以来，モルゲンシュテルンはアメリカにおけるゲーデルの良き相談相手となっていました。もしかしたら唯一人の友人だったかもしれません。

ゲーデルは，1948年，アメリカの市民権を得ましたが，その陰には，彼の特殊な個性を心配したモルゲンシュテルンとフォン・ノイマンの努力があったといわれています。正教授になったのは，かなり遅れて，1953年になってからでした。

モルゲンシュテルンが1977年7月26日に亡くなったときのゲーデルの悲しみはひとかたならぬもので，その後を追うように，その半年後の78年1月14日に71歳で亡くなりました。死因は「人格障害による栄養失調および飢餓衰弱」だそうです。この辺の事情は，カスティ，J. L.／寺嶋英志訳『プリンストン高等研究所物語』(青土社，2004) に詳しく記されています。

ポパーの『歴史主義の貧困』

哲学者ポパーは，ウィーン生まれのユダヤ人で，ウィーン大学で，論理実証主義のシュリックのもとで学んでいました。

ポパーは，シュリックが殺害された翌年の1937年，ヒトラーによるオートスリア合併の前年，ニュージランドに亡命し，大戦後の1946年になって，イギリスの London School of Economics and Political Science の論理学と科学方法論の教授に就任しました。

彼は，師のシュリックの論理実証主義には批判的な立場をとっていましたが，戦後になって，

  Popper, K. R. (1957, 1960) *The Poverty of Historicism*. Routledge and Kegan Paul. London (ポパー／久野収・市井三郎訳『歴史主義の貧困——社会科学の方法と実践』中央公論社, 1961).

を出版しました。

本書は「歴史的命運という峻厳な信仰を信じたファシストやコミュニストの犠牲となった，あらゆる信条，国籍，民族に属する無数の男女への追憶」に献げられています。

そして，ポパーは，本書の基本的主張は，「歴史に宿命があるという信念は全くの迷信であり，科学的方法もしくは他のいかなる合理的方法によっても，人間の歴史の行く末を予測することは不可能である」ということであるといっています。

この主張は，1920年から35年にかけて考えたものといっていますから，モルゲンシュテルンが，前記のいくつかの論文で問題を提起した頃で，当時のオーストリアの社会・政治の情勢を反映したものといえます。モルゲンシュテルンとポパーは同じ年の生まれですから，2人の間には，何らかの交流があったと思われます。一見，全く違う立場のように見えますが，私には，2人の底流のどこかに共通するものを感じます。

この本には，社会工学（Social Engineering）という言葉が出てきますので，東京工業大学で社会工学科の創立にかかわった者として，よく読んだものでした。

その後，さらに，

　　Popper, K. R. (1959) *the Logic of Scientific Discovery*. Hutchinson（ポパー／大内一義・森博訳『科学的発見の論理』上・下恒星社厚生閣，1971）．

　　Popper, K. R. (1972) *Objective Knowledge: An Evolutionary Approach*. The Clarendon Press（ポパー／森博訳『客観的知識——進化論的アプローチ』木鐸社，1974）．

などを出版しています。いずれも，現在のゲーム理論の視点から見ても興味深いものがあります。

第4章　ゲームの理論の成立までのヨーロッパの情勢

ウィーンにあって輝かしい業績をあげたこのグループは，離散の苦難をなめたものの，新天地アメリカにおいて再びその花を咲かせることになりました。
　このようなウィーンの状況やハンガリーの状況を見てくると，ゲーム理論成立の背景には，当時の中央ヨーロッパの社会状況の変動を見ることができます。

第5章

ゲームの理論の成立

1 モルゲンシュテルンとフォン・ノイマンとの出会い

　モルゲンシュテルンは，プリンストン大学に移った翌年の1939年の2月1日，プリンストン大学で景気循環について話しましたが，そのときには，フォン・ノイマン，物理学者のボーア（Niels Bohr, 1885-1962），数学者のオスワルト・ヴェブレン（Oswald Veblen, 1880-1960. 経済学者で『有閑階級の理論』の著者ソースティン・ヴェブレンの甥）など，錚々たるメンバーが出席していました。

　会が終わった後に，モルゲンシュテルンは，ボーアにお茶に招待され，そこで，フォン・ノイマンに会い，数時間にわたって，ゲームや実験について話し合いました。ボーアの提起した実験と観測者との関係は，モルゲンシュテルンの提起した社会と計画の関係に似ていますから，話は大いに弾んだものと思われます。

　このグループには，ワイルやアインシュタインなども加わって，その後，親しい関係が続きました。いずれもヨーロッパを後にして来た人たちで，共通の文化的背景のもとで育った人たちですから，話が合ったものと思われます。

モルゲンシュテルンにとっては、大学の経済学部よりも研究所のほうが話し相手が多かったようで、後年、アインシュタインと、実験に対する理論の優位性、概念化することの卓越性、直観のもたらす深い問題提起などについて議論したことを生き生きと思い出すと語っています。

↑モルゲンシュタイン（左）とフォン・ノイマン

こうして、フォン・ノイマンと親しくなったモルゲンシュテルンは、彼のゲームの理論と拡張経済についての仕事に深い関心があることを伝え、互いに論文の抜き刷りを交換し、モルゲンシュテルンは特に「完全予見と経済均衡」の論文を読んでくれることを希望しました。

それから、モルゲンシュテルンのゲームの理論の本格的な勉強が始まりました。モルゲンシュテルンにとって、そこで使われている数学を理解するのは相当に困難だったと思われます。その頃の不動点定理は大変難解で、戦後私が勉強を始めた頃にも解説のようなものはありませんでしたから、モルゲンシュテルンには手掛かりのようなものは何もなかったことと思います。

わからないところは、フォン・ノイマンに電話して、彼自身から直接聞きながら、その研究は進められました。それは、モルゲンシュテルンにとって、大きな知的興奮を覚えるもので、こうして彼はゲームの理論の虜になり、それに没頭していきました。

それは1939年のことで、フォン・ノイマンが「社会的ゲームの

理論について」を発表した1928年から,約10年後のことです。この10年の間,フォン・ノイマンの論文は本格的に検討されることなく眠っていたわけで,経済学者には,その存在すら知られていませんでした。

フォン・ノイマン自身は,その頃は,数学のほうで次々と大きな業績をあげていた頃で,ゲームの理論や経済の問題にも,ある程度の関心はもっていたようですが,モルゲンシュテルンからたびたび寄せられる質問は,彼にゲームの理論への関心を大きく甦らせるのに十分なものでした。

ヨーロッパの情勢はますます厳しくなり,1939年9月1日,ドイツ軍がポーランドに進撃して,ついに第二次世界大戦が始まりました。

2人の交流がそうした状況の中で始まったことは,2人の議論に何らかの影響を与えたことは十分に考えられることです。

2 共同研究の進行

やがて,モルゲンシュテルンは,この理論の経済学における重要性と可能性を確信するようになり,その本質と意義を経済学者に向けて説明する論文を書こうと決心しました。そして,「ゲームの理論と経済行動」と題する論文を書いて,その草稿をフォン・ノイマンに見せたところ,フォン・ノイマンは「短すぎてわかりにくい」というコメントを寄せてきました。

すでに2人の間ではゲームの理論の発展の可能性についてさまざまな議論が交わされていましたので,モルゲンシュテルンはそれらを加えて大幅に書き直し,再びフォン・ノイマンに見せたところ,

彼は「この論文を共同で書こう」と提案してきました。

その日のことは，モルゲンシュテルンにとって長く忘れることのできない日として記憶に残っているそうです。こうして，2人の本格的な共同研究が開始されました。それは困難であるが，楽しみの多い仕事であったに違いありません。

フォン・ノイマンを得たことは，モルゲンシュテルンにとってまさに天の恵みでした。ヒルベルトが，ゲッチンゲンにおいて，ミンコフスキーを得たときにいったといわれる

"Er war mir ein Geschenk des Himmels."
（彼は私にとって天の恵みであった。）

という言葉が，フォン・ノイマンの想い出とともに，心に刻まれていると，晩年，モルゲンシュテルンは語っています。

2人は毎日のように会ってその共同研究を進めました。1940年の秋の頃，フォン・ノイマンがこの論文は雑誌論文としては長すぎるから2つに分けて発表しようといい，そのつもりで書いているうちにますます長くなって，やがて本にしようということになり，プリンストンの赤本といわれる Annals of Mathematics Studies の一つとして発表しようということになりました。

しかし，さらに書き進めているうちに，独立の本として出版しようということになり，プリンストン大学出版局と100頁の本として出版する契約を結びましたが，100頁という制約はすっかり忘れてしまって，ひたすら考え，限りなき議論を続けていきました。モルゲンシュテルンは，それはさながら "endless meeting" であったといっています。

当時，モルゲンシュテルンは独身だったので，ナッソウ・クラブという学生のクラブ・ハウスで朝食をとっていました。フォン・ノイマンは結婚していて，奥さんの Klari と娘の Marina（Mrs. Marina

図表5-1 象の図

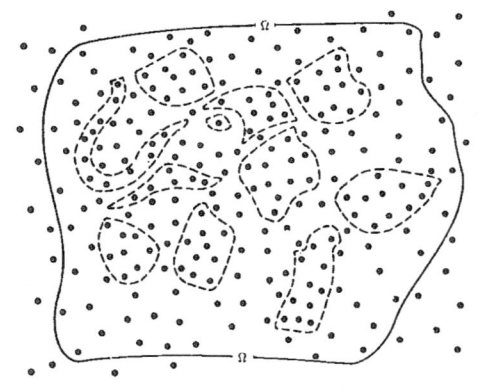

[出所] von Neumann, J. and O. Morgenstern (1953) *Theory of Games and Economic Behavior*, 3rd ed., Princeton University Press, p. 64, Figure 4.

von Neumann Whitman, 国際経済学の専門家，のちにゼネラル・モーターズの副社長を努めた）と一緒に暮らしていましたが，奥さんの眠りを妨げないように，朝早くそっと起きてナッソウ・クラブにやってきて，モルゲンシュテルンと一緒に食事をしながら議論をしたそうで，昼過ぎにまで及ぶこともしばしばでした。この一緒に食事をする習慣は，モルゲンシュテルンが結婚した後も，その回数は減ったにせよ，長く続いたそうです。

彼らの "endless meeting" は限りなく続いて，その膨大な量の思索の跡を書き続けていって，果てることがありませんでした。フォン・ノイマンが朝食後から夕方のパーティの時間まで執筆を続けることもしばしばで，彼のよき協力者であった夫人が「ゲームの理論が始まると何もできない。象が入るまで続くのね」とこぼしたそうです。それで，彼らの本の64頁に象が入っています。

その間，ヒックスの『価値と資本』（1939）が出版され，1941年

第5章 ゲームの理論の成立

に，モルゲンシュテルンはその書評を書いています。

> Morgenstern, (1941) Professor Hicks on Value and Capital. *Journal of Political Economy*. 49 (3): 361-393.

彼は，その中で，フォン・ノイマンの拡張経済のモデルを紹介して，経済の問題では，等式よりも不等式によって考えるべき問題の多いことを強調しています。

経済学において，不等式で考えるというのは，フォン・ノイマンが初めてですが，そのことを，それまで紹介する人はいませんでした。また，そこでは，ワルトによる経済の一般均衡システムについての研究も紹介しています。

しかし，これらの問題提起は，その後長く，ヒックスやその亜流の人たちには完全に無視されていました。

3 ヴィルの分離定理と角谷の不動点定理

2人の共同執筆が進み，ミニマックス定理の新しい証明もすでに書き終わっていた頃，ある雪のちらつく寒い冬の日，モルゲンシュテルンは高等研究所に歩いて出掛けて行き，寒かったので図書室に行って暖をとりながら，あたりを見まわして，何気なくボレルの編集した『確率の計算とその応用』(1938) を取り上げて覗いてみると，そこに，ヴィル (Jean Ville, 1910-89) の論文があるのを発見しました。

> Ville, J. (1938) Sur la théorie générale des jeux ou intervient l'habilité des joueurs（ゲームの一般理論とプレイヤーの技能について）．

それは，ミニマックス定理を証明するために，ブラウワーの不動

点定理ではなく，凸集合の分離定理を用いるもので，彼らの証明よりもずっとわかりやすいものでした．

モルゲンシュテルンは，それまでヴィルの仕事については何も知りませんでしたので，驚いてフォン・ノイマンに電話で知らせました．それは彼にとってもニュースでした．2人は直ちにその論文を検討し，凸性を考慮することが最善の方法であることを知り，自分たちの証明法を変えることにしました．

この分離定理と呼ばれる凸体についての定理を，彼らがゲームの理論の本の中で用いたことによって，それ以後，線型計画をはじめ数理経済学などにおいて，凸体を用いる方法が広く使われるようになりました．分離定理は，いずれは広く用いられるようになったと思いますが，この雪の日の偶然がそのことを早め，確かなものにしたこともまた事実です．

当時，高等研究所には，角谷静夫先生がいて，フォン・ノイマンのもとで研究していましたが，フォン・ノイマンの命令で，凸集合を用いてブラウワーの不動点定理を一般化し，それを用いてミニマックス定理を証明しました．

 Kakutani, S. (1941) A generalization of Brouwer's fixed point theorem. *Duke Math. J.* 8 (3): 457-459.

この定理は多値関数に適用するのに非常に適切な形をしているので，その後今日まで，多くの分野で用いられるようになり，角谷の不動点定理として広く知られるようになりました．

これらの定理によって，ミニマックス定理と不動点定理と分離定理とは相互に密接な関係があることが明らかになりました．

角谷静夫先生は，1911（明治44）年8月28日，大阪市に生まれ，34（昭和9）年，東北大学を卒業し，1940年に大阪大学助教授になって，その年に，プリンストンの高等研究所に留学しましたが，日

米開戦により帰国しました。

戦後，1948年に再び高等研究所にわたり，49年にイェール大学教授に就任され，2004年8月17日，コネティカット州でお亡くなりになりました。

4 大著の完成

1941年から42年にかけて2人の共同研究は密度濃く進められました。2人は，ナッソウ・クラブやモルゲンシュテルンのアパートやフォン・ノイマンの書斎で，ただひたすら考え議論し，その辺にある紙に手あたり次第に書いて，そして，その日の議論をモルゲンシュテルンがまとめてタイプし，翌日それに基づいて再び議論し，またタイプしなおすという日々が続きました。

彼らは，原稿は英語で書いていましたが，議論はすべてドイツ語で行っていましたので，彼らの書いた文章は，ドイツ語のような英語といわれています。

その頃の1941（昭和16）年12月8日，日本は真珠湾を攻撃し，戦争は全世界に拡大しました。翌年の1942年1月には，ナチの指導者はユダヤ人問題の最終解決のためと称して，1100万のヨーロッパのユダヤ人の殺害を決定しています。秋には，スターリングラードの攻防戦が始まりました。

太平洋では，ミッドウェー海戦や，ガダルカナル島周辺海戦，ソロモン海戦などがあり，1942年の暮れには，日本軍はガダルカナル島からの撤退を始めていました。

その頃，フェルミがシカゴ大学で原子炉によるウランの核分裂連鎖反応の実験に成功しています。そして，フォン・ノイマンは海軍

の仕事のためワシントンに越して行きました。

2人の仕事は終わりに近づいていて、フォン・ノイマンは週末にはプリンストンに帰って、最後の仕上げに入りました。

1942年のクリスマスに、フォン・ノイマンがプリンストンに帰った際に、最後の数頁を書き上げて、1943年1月1日に序文を書いて完成しました。完成した原稿はプリンストン大学出版局との約束の100頁をはるかに超えて、タイプ用紙で1200枚もある膨大なものになっていました。

数学の記号に満ち溢れているので、清書を求められ、全部タイプしなおしました。数学の記号や式は角谷先生によって書き入れられました。戦争が始まって、日本人は行動の自由が制限された捕虜のようなものでしたので、そういう仕事をさせたと、フォン・ノイマンはいっています。角谷先生は『ゲームの理論と経済行動』の原稿を読んだ最初の人ということになります。

本のタイトルは *General Theory of Rational Behavior* という案もありましたが、モルゲンシュテルンが最初に論文を書くときに考えた *Theory of Games and Economic Behavior* というタイトルに落ち着きました。

このタイトルを素直に読めば、この本は「ゲームの理論」と「経済行動」という2つの部門から成り立っているということができます。このことは、この本の成立までには、モルゲンシュテルンが当初からもっていたオーストリア学派の経済学の問題意識によることが大きいことに、フォン・ノイマンが敬意を表したと見ることができます。

このようなタイトルではありましたが、彼らは、ゲームの理論が経済学だけではなく、政治学や社会学などの広い分野で用いられるようになると確信していました。

著者名の記載順は，フォン・ノイマンがアルファベット順にしようといいましたが，モルゲンシュテルンはそれを拒否し，John von Neumann and Oskar Morgenstern として，1944年1月18日に，650頁に及ぶ大著が出版されました。

　フォン・ノイマンの最初の論文が出版されてから，実に16年たっています。

　そして，この年に，モルゲンシュテルンは，正式にアメリカの市民権を得ました。

　1947年には，その第2版が出版されました。第2版は，初版において，彼らが用いた効用の概念についての疑問に対する解答として，自分たちの効用理論を公理論的に展開した効用理論を付録として加えたものです。この付録によって，フォン・ノイマン＝モルゲンシュテルン効用が明確に定義され，それ自体大きな貢献になっています。以後，この第2版が決定版となっています。

　フォン・ノイマンは，同書の執筆中，モルゲンシュテルンに，「われわれは，この本を出版した後で，またいくつかの論文を共同で書かなければならないね。そうでないとこの理論は生きたものにならないから」と語ったそうですが，それは実現しませんでした。その後の発展からみて，フォン・ノイマンの予想は当たらなかったともいえます。

　この本が戦争中に出版されたことから，この研究がフォン・ノイマンの軍事研究の中から生まれたかのようにいう人もいますが，軍事研究にも企業の研究にもまったく関係はなく，何らの研究費の援助もありませんでした。

　フォン・ノイマンの若き日の天才的業績を源にして，モルゲンシュテルンの経済学における問題意識の中で，彼ら2人だけの孤独な作業によって生まれたものです。彼らが積極的に政府の仕事をする

ようになったのは，これから後のことです。

フォン・ノイマンとモルゲンシュテルンの共同研究の様子は，モルゲンシュテルンによって回想されています。

> Morgenstern, O. (1976) The collaboration between Oskar Morgenstern and John von Neumann on the Theory of Games. *Jounal of Economic Literature*, 14 (3): 805-816.

このエッセイは，『ゲームの理論と経済行動』の60周年記念版（2004）に収録されています。

5　新しい科学の誕生

ゲームの理論は，軍事研究の中から生まれたわけではありませんが，第一次世界大戦から第二次世界大戦にかけての世界情勢の中から生まれたものであることには違いありません。

本が出版された1944（昭和19）年には，戦争も末期を迎え，日本軍はグアム島で玉砕し，レイテ沖海戦で大敗しました。

ゲームの理論の最初の礎石の誕生からその成立までの間の世界情勢が，このような苦難に満ちた時代であったことは，ゲームの理論成立の時代的背景として見逃すことのできない事実です。

フォン・ノイマンもモルゲンシュテルンも，ファシズムから逃れた亡命者であり，政治には強い関心をもっていました。また2人とも歴史に造詣が深く，経済学史の論文を書き，講義もしていたモルゲンシュテルンが歴史に詳しいのは当然としても，フォン・ノイマンもまた歴史によく通じていて，その知識は人々を驚かすほど詳細なものでした。フォン・ノイマンの第二次世界大戦に導いた政治的

事件についての予見や第二次世界大戦の帰結についての予見は、きわめて正確なものであったといわれています。

　ゲームの理論の数学的な装いの背後に、われわれはこうした2人のヨーロッパの長い歴史に対する造詣の深さ、ハンガリーやオーストリアにおける苦難多き体験を読み取ることができます。
　当時の社会状況が、現実の状況に対しては悲観的だが、学問の発展や成果については楽観的な彼らの性格が、その理論にも反映しているといえます。
　こうして生み出された『ゲームの理論と経済行動』は、公理主義的な方法によって、いくつかの公理に基づいて作られた巨大な構造をもつ装置でした。それはまさに、新しい科学の誕生であり、新しい言葉の誕生でした。

第6章

高まる期待
数学と社会科学の架け橋

1 期待と紹介

初期の期待

『ゲームの理論と経済行動』には、経済の問題に直接触れた部分はほんのわずかしかありません。経済学者で名前が出てくるのは、モルゲンシュテルンのほかは、C. メンガー、K. メンガー、ボエーム-バヴェルク、ピグー、ティントナーで、本格的に論じられているのはボエーム-バヴェルクだけです。

それにもかかわらず、『ゲームの理論と経済行動』が出版されるや、経済学者のみならず、多くの分野の人々から大きな期待が寄せられました。

当時の経済学者がゲームの理論に大きな期待を寄せた背景には、当時の支配的な経済理論には、理論として何かが欠落しているという感覚や、科学として成立するかどうかという不安があったのではないかと思います。

フォン・ノイマンとモルゲンシュテルンは、『ゲームの理論と経済活動』の第1章で、次のように述べています。

数学が経済学の中であまり成功を収めてこなかった理由は，経済学の経験的な基礎知識が決定的に不十分だったことによる。経済学に関連ある事実についての知識は，物理学の数学化が達成された時点で，物理学がもっていたものと比較すればはるかに少ない。17世紀に物理学，とくに力学の分野に起こった決定的な大躍進は，それまでの天文学の蓄積があったからこそ可能であった。それは，数千年にわたる系統的，科学的な天文学的観測があったからこそ可能であった。その観測には，比類なき才能をもった観察者チコ・ド・ブラーエにおいて頂点に達したのである。この種のことは経済学には何も起こっていない。物理学においても，もしチコ・ド・ブラーエがいなかったら，ケプラーやニュートンの出現を考えられなかったに違いない。したがって，経済学に物理学以上安易な発展を期待できるとする根拠は何もないのである。
　　　　　　　　　　　(von Neumann and Morgenstern, 1944, 1947: 4)

　本書の第3章で述べたモルゲンシュテルンが1928年から35年にかけて提起した問題は，一部の人には反感をもたれたとはいえ，多くの経済学者は共感をもっていたと考えられます。そして，数学者であり量子力学の基礎づけをしたフォン・ノイマンと経済学者モルゲンシュテルンの共同作業によるゲームの理論によって，そこで提起された問題の解決の道が得られるかもしれないという期待をもち，科学としての経済学の成立に何らかの希望をもったに違いありません。

初期の紹介

　1944年，『ゲームの理論と経済行動』が出版されるやまもなく，多数の人々から書評が寄せられました。その中のいくつかを紹介させていただきます。
　2009年にメカニズム・デザイン論の確立によって，ノーベル経

済学賞を授賞したハーヴィッツ（Leonid Hurwicz, 1917-2008）は，次のような紹介を書いています．

> Hurwicz, L. (1943) What has happened to the theory of games? *American Economic Review*. 43: 398-405.
> Hurwicz, L. (1945) The theory of economic behavior. *American Economic Review*. 35: 909-925.

このとき，彼はまだ25歳前後の若者でした．彼がいかに早くゲーム理論の可能性を確信していたかがうかがわれます．

イリノイ工科大学の教授で1978年にノーベル経済学賞を授賞したサイモン（Herbert Alexander Simon, 1916-2001）は，この書は，単に経済学のみならず，社会学や政治学など，社会科学一般に適用さるべき基本的性質のものであることを強調しています．

> Simon, H. A. (1945) Review of Theory of Games and Economic Behavior. by J. von Neumann and O. Morgenstern. *American Journal of Sociology*. 27: 558-560.

サイモンは，やがて限定合理性について積極的に論ずるようになりますが，彼の経営行動に関する理論もまた，ゲームの理論を傍においで構想されたといってもよいと思います．

ミシガン大学の教授で確率論の専門家のコープランド（Arthur H. Copeland, 1898-1970）は，次の紹介で，「20世紀前半における最も偉大な科学的業績の一つ」と称賛しています．

> Copeland, A. H. (1945) Review of John von Neumann and Oskar Morgenstern's Theory of Games and Economic Behavior. *Bulletin of the American Mathmatical Society*. 51: 498-504.

シカゴ大学の教授のマルシャック（Jacob Marschak, 1898-1977）は，2人の買い手と1人の売り手からなる3人ゲームに重点をおいて，特性関数を用いて詳しく説明しています．1950年の論文では，出

版当初から問題になっていた不確実性と効用の可測性について論じています。

>Marschak, J. (1946) Neumann's and Morgenstern's New Approach to Static Economics. *Journal of Political Economy*. 54: 97-115.
>
>Marschak, J. (1950) Rational Behavior, Uncertain Prospects, and Measurable Utility. *Econometrica*. 18: 111-141.

彼もまた,ウクライナ系のユダヤ人で,ドイツで研究していたとき,ナチに迫害されてドイツから脱出し,イギリスを経てアメリカに渡った人です。

イギリスの経済学者で,ケンブリッジ大学の教授であったストーン(Richard Stone, 1913-91)は,特性関数形による3人ゲームついて詳しく説明し,ケインズの『雇用,利子および貨幣の一般理論』(1936)以後の最も重要な経済学の業績といっています。

>Stone, R. (1948) The Theory of Games. *Economic Journal*, 58: 185-201.

ストーンは,1984年に,国民経済計算(SNA)の開発と実証的研究の基礎を改善したことによって,ノーベル経済学賞を受賞しました。

モルゲンシュテルンも,従来の経済理論とゲームの理論との関係を説明しています。

>Morgenstern, O. (1948) Demand Theory Reconsidered. *Quarterly Journal of Economics*. 62: 165-201.
>
>Morgenstern, O. (1948) Oligopoly, Monopolistic Competition and the Theory of Games. *American Economic Review*. 38 (2): 10-18.

2　ワルトの統計的意思決定

ワルトは,アメリカに移住してからは,統計学者に転じていましたが,ゲームの理論を早くから紹介すると同時に,ゼロ和2人ゲームの理論と密接に関連した統計的決定の論文と2冊の著書を発表しています。

彼は,自然(nature)と統計人(statistician)の2人ゼロ和ゲームを統計ゲーム(statistical game)と名づけて,統計的決定の問題を,Games against Nature と見ることができるといっています。

> Wald, A. (1945) Genaralization of a Theorem by von Neumann Concerning Zero-sum Two-person Games. *Annals of Mathematics*. 46 (1): 281-286.
>
> Wald, A. (1945) Statistical Decision Function Which Minimize the Maximim Risk. *Annals of Mathematics*. 46 (2): 265-280.
>
> Wald, A. (1947) Fundations of a General Theory of Sequential Decison Functions. *Econometrica*. 15: 279-313.
>
> Wald, A. (1947) The Theory of Games and Economic Behavior. *Review of Economic Statistics*. 29: 47-52.
>
> Wald, A. (1949) Statistical Decision Functions. *Annals of Mathematical Statistics*. 20: 165-205.
>
> Wald, A. (1950) Note on Zero-sum Two-person Games. *Annals of Mathematics*. 52: 281-286.

著書としては,次の2冊があります。

> Wald, A. (1947) *Sequential Analysis*(逐次分析法). John Wiley & Sons.
>
> Wald, A. (1950) *Statistical Decision Functions*(統計的決定関数). John Wiley & Sons.

『統計的決定関数』はそれまでの研究の集大成であり,統計的決

定理論はゲーム理論から生まれたということができます。

　残念なことに，本を出版した1950年に，ワルトはインドに講義に行く途中，飛行機事故に遭い，家族全員とともに亡くなりました。
　モルゲンシュテルンとメンガーは彼の追悼記を書いています。
　　　Morenstern, O. (1951) Abraham Wald, 1902-1950. *Econometrica*. 19 (4) : 361-367.
Menger, K. (1952) の追悼記は本書68頁参照。
　また，彼に捧げられた書として，
　　　Blackwell, D. and M. A. Girshick (1954) *Theory of Games and Statistical Decisions*. John Wiley & Sons.
があります。そこでは，ワルトによって定式化された統計ゲームや逐次ゲーム，ベイズ解などについて詳しく説明しています。

3 自前の科学的言語とロジック

　フォン・ノイマンのような20世紀における最も創造的な数学者の一人が，人間の社会的行動の相互依存関係という，きわめて基本的な問題に関心をもって，ゲームの理論という新しい分野を作り上げたということは，数学にとっても社会科学にとってもまことに幸運なことでした。
　経済学が，それまで使っていた数学は物理学で発展した数学の借り物でしたが，ゲームの理論の誕生によって，経済学は自らの数学をもつことになりました。この新しい理論によって，数学と社会科学との相互のコミュニケーションの道ができ，数学も社会科学もそこから新鮮にして豊かな思想と方法とを学ぶことができるようにな

り，数学と社会科学との双方にきわめて多くのものをもたらすようになりました。

モルゲンシュテルンは，ウィーンの時代から，経済学を厳密な科学にするためには，経済の現実に根ざした「科学的言語」が必要であり，人間行動の相互関係を考える固有のロジックが必要であるといっていました。

科学的言語であるためには「明確」でなければなりません。そのためには，かなりの程度の数学が必要です。しかし，人間行動の相互作用という問題を考えるためには，物理学の必要に応える形で発展してきた微分積分学などの数学とは異なる，自らにふさわしい数学を必要とします。

『ゲームの理論と経済行動』が出版された頃には，数学のほうでもそれを提供することが可能な状態に近づきつつあったということができます。フォン・ノイマンは，社会科学にとって望ましい数学は本質的に組み合わせ論的なものであるといっています。

1960年代の頃ですが，モルゲンシュテルンは，「社会科学は自らのロジックを生み出すであろう」とか「新しい数学の発展を必要とするようになるであろう」と未来形でいっていました。

モルゲンシュテルンは1977年に亡くなりましたが，それまでも，常により新しいロジックを求め，次の世代に希望を託していたようです。

ゲームの理論のその後の発展によって，その期待は実現され，社会科学は自前の科学的言語とロジックを生み出し，経済学の枠を超えて，人文科学，社会科学のさまざまな領域をはじめ，自然科学や工学の領域にまで，その影響を及ぼしています。

4 ゲームの理論の人間像

　ゲームの理論は,「神の見えざる手に導かれて予定の調和に達する」という正統派経済学の思想とは違った基盤から生まれたということができます。それは一つの異端の思想でした。

　ゲームの理論の人間像は,非常に強い意味で,自己と他者との関係から成り立っています。それは単に方法論的個人主義という意味を超えたものであり,社会的存在としての「自我の自覚と他者の発見」という近代社会の精神であるといってよいと思います。

　ゲームの理論の基本的精神は,そうした人間像のもとでの自由という強い意識です。個人間の自由な関係を前提にして,すべての議論が出発します。そうした基本的精神から出発しながら,古典的自由主義のレッセ・フェール (laissez faire) の楽天的な人間とも違った社会像を抽き出しました。また方法論的個人主義が陥りやすい粒子化した atomic な人間社会像ともまた違って,競争と協力という二面性を常に意識し強調します。

　個人の自由を前提としながら,従来とは違った社会像を抽き出した背景には,2人の創始者が1930年代という苦難の時代を生き,この理論の研究の過程において,常にファシズムに対する抵抗の思いをその根底においてもっていたことがあると考えられます。また,第4章で,フォン・ノイマンがいったかもしれない言葉として紹介した「異状事態が発生するかもしれないという危機感や死の必然性」ということもあると思います。

　しかし,このことは決してこの理論が特殊な理論であることを意味するものではありません。この理論はきわめて根源的であり基本的なものであり,そうした特殊性を超えた普遍性をもっています。

5　フォン・ノイマンの数学観

　フォン・ノイマンの生きた時代は，数学においても，物理学においても，経済学においても，計算機科学においても，新しい時代を迎えようとしていたときでした。フォン・ノイマンは，これらの諸科学の大きな変革のさまざまな局面に自ら携わりました。

　フォン・ノイマンの数学の出発点は，公理的集合論にあり，きわめて抽象的な世界ですが，彼の研究は，量子力学からオートマタの理論に及んでいます。彼の『量子力学の数学的基礎』が数学と物理学との双方に及ぼした影響はきわめて大きなものでした。

　若い数学者であったフォン・ノイマンがゲームの理論や経済学に関心をもつようになった背景には，当時の数学の発展段階や，彼の学問観あるいは数学観とでもいうべきものが考えられます。

　彼がしばしば述べた意見として伝えられているところによると，数学者はさまざまな領域のどれを選んで研究してもよいし，その選択やその結果として得られる成功の度合いは，主として審美的な価値によって影響されるのが普通であるけれども，経験的な源泉（empirical sources）からあまりに遠く離れると，数学はその創造力を失うと警告しています。

　このフォン・ノイマンの数学観は，クーン＝タッカー（1958，本書126頁）の120頁によります。この数学観は，私が中学・高校時代に読んだ杉田元宜『物理数学入門』（培風館，1942）にある「飛行機が空を飛ぶためには，地上で給油しなければならないのと同じように，数学も飛ぶためには，時々地上におりる必要がある」という言葉に通じるものがあります（鈴木自伝『ゲーム理論と共に生きて』ミネルヴァ書房，2013，17頁，参照）。

フォン・ノイマンのこの哲学は，量子力学への貢献や社会的ゲームの理論，経済の均衡成長の理論の場合によく示されており，ゲームの理論のその後の発展も，この彼の哲学に従っているといえます。

　数学の近代化，物理学の古典力学的世界から統計力学的世界へ，そして，さらに量子力学的世界へと移行する当時の科学の発展段階に，フォン・ノイマン自らが深く関与していたことが，物理学のみならず，経済学をはじめ社会科学の諸分野に大きな橋を架けることになったといえます。

　フォン・ノイマンの人生とその業績をたどることは，その時代の歩みと，科学の発展の大部分を概観することになります。また，その人生の軌跡をたどることは，ハンガリー生まれの知識人の時代背景をたどることでもあります。

　現在，彼の創造になるゲームの理論，オートマタの理論などの盛んな姿をみることができるのは，この天才に対する神の贈り物といえます。これらの仕事のすべてを一人でフォローすることは，フォン・ノイマンに近い才能の持ち主でなければ困難なことでしょう。そのような人が日本人の中から出ることを期待しています。

6　モルゲンシュテルンの人柄と役割

　以上のように見てくると，ゲームの理論という新しい分野が，いかに個性的な2人の人物の出会いによって生まれたものであるかが理解されます。多くの分野で大きな仕事をしていたフォン・ノイマンを，これほどの大著を書くまでに，この理論の中に引き込んでいったモルゲンシュテルンの役割も，いかに大きなものであったかも想像することができます。

私は，プリンストン大学留学当時，クーン教授に，「もしフォン・ノイマンが優れた政治学者に出会ったら，『ゲームの理論と政治行動』というような本を書くようになったのだろうか」と聞いたことがあります。

　クーン教授は「いやそうはならなかったろう，ゲーム理論があれだけの大著として完成されたのは，モルゲンシュテルンという人がいて初めて可能だったと思う」と話していました。

　モルゲンシュテルンという人は，もともとそういう性格の人でした。それは，ウィーン時代のワルトとの関係についてもいえることです。本来幾何学者であったワルトに経済学の論文を書かせ，ついには統計学者にしてしまったのは，モルゲンシュテルンという人の人柄によるといってもよいでしょう。

　モルゲンシュテルンのゲームの理論への貢献は，「フォン・ノイマンにゲームの理論の本を書かせただけだ」という人もいますが，たとえそれだけだとしても，それは大きな功績といえます。

　モルゲンシュテルンは，1948年に，プリンストン大学に，Econometric Research Program という研究所を作りました。小さな施設ですが，この研究所があることが，多くのゲームの理論の研究者の拠り所となり，その存在がゲームの理論の発展の支えになっていました。

　モルゲンシュテルンは，人と人との出会いを非常に大切にし，その出会いの中で，先を見通す信念ともいえる力によって，その人にふさわしい問題を提起し，その才能を引き出すことに，たぐいまれな能力をもっていた人でした。能力というよりは人柄といってもいいかもしれません。相手もまた，そうした彼の示唆を徳として，彼に感謝し，彼に対して協力を惜しみませんでした。

　他人の才能を引き出し新しい研究に向かわせ，そこで大きな仕事

をさせるというのは大変に困難なことで，それは，問題意識が豊かで，先を見通す能力をもっていて，優れた研究者であると同時に，よきオルガナイザーである人にのみ可能なことです。

　モルゲンシュテルンはこの3つの資質を兼ね備えた人であり，その友情厚き人柄によって，さらにいっそう人々の心をとらえ，人々を励ましました。

　モルゲンシュテルンは，1954年に，海軍省の依頼によって来日しています。その際に，山田雄三先生の案内で，一橋大学を訪問され，一橋の先生方と面談しています。一橋大学にあるメンガー文庫に案内され，非常に喜んだそうで，C.メンガーのデス・マスクを感慨深く眺め，息子のK.メンガーとは似ていないといったそうです（山田先生の著書〈1955〉97頁による）。

　私がモルゲンシュテルンに最初に会ったのは，ロックフェラー財団のフェローシップを得て渡米した1961年9月でした。そのとき彼は60歳で，さわやかな人柄が自然にこちらに伝わってくる長身のヨーロッパ風の紳士でした。

7　日本におけるゲーム理論の紹介

　1947年6月に，統計学者の林知巳夫氏はフォン・ノイマンの1928年の論文を中心にした論文を統計数理研究所講究録に発表しています。林氏はワルトの統計的決定理論（1945）とミニ・マクス定理の一般化（1945）の2つの論文に触発されて，この論文を書いたと思われます。謄写刷で配付されただけなので，狭い範囲の人の目にしかふれなかったのではないかと思います。

経済学者として，ゲームの理論を日本に最初に紹介したのはウィーン留学以来，モルゲンシュテルンの友人であった山田雄三先生です。先生は，Hurwicz (1945), Marschak (1946), Wald (1947) などの解説によってゲームの理論を知り，それに基づいて毎日新聞社編『エコノミスト特集——最近理論経済学の展望』(1948年11月) の中に「経済計画論の一課題——経済的ストラテジーの分析」と題して，ゲームの理論を紹介し，1950年4月『季刊理論経済学』に，次の論文を発表されました。

　　山田雄三 (1950)「ミニ・マクス原則の要点」『季刊理論経済学』1 (2): 160-175。

この論文は，先生のウィーン留学を反映したオーストリア学派の経済学に連なるものとしてのゲームの理論です。先生の論文の大意を紹介させていただきます。

1. ミニ・マックス原則について，詳しく説明しています。
2. 「経済理論への適用」と題して，次のように述べています。
　(1)　問題の所在

　従来の経済学は自然を相手にしたロビンソン・クルーソーの最大化問題を好んだが，ゲームの理論は，モルゲンシュテルンが問題としていたシャーロック・ホームズとモリアティの間の相互の行動と予見について明確な形式を与えたものにほかならない。
　(2)　労働者対資本家の戦略的対立

　ツォイテンの賃金交渉の問題をゼロ和2人ゲームとして説明。
　(3)　利益の複合的・循環的な排列

　ゼロ和2人ゲームで，純戦略で均衡点がなく，最適反応戦略が利得行列の上をぐるぐる廻るような場合を念頭において，利益の複合的・循環的な排列をもつことを説明し，従来の「クモの巣理論」はその一歩手前に止まっていることを説明。

(4) 確率的加重

利益の循環的排列のもとでは，戦略の選択は「不確定」であるとして，不確実と不確定の違いを述べ，賃金交渉の例を挙げて，混合戦略の意味を説明。

(5) 期待値の「ミニ・マクス原則」——「統計人の行動」

「従来，経済学においてはマキシマム原則による解釈がもっぱら支配的であったが，戦略的対立にあって戦略選択の不確定に直面する場合には，経済人は，むしろ，統計人（statistical man，ワルトによる）とでも呼ばれるべき性格をとる。彼はいくつかの戦略に対し加重を附し，ミニ・マクス原則による期待値を考慮する」と述べ，さらに「行動もしくは戦略はあくまで不確定なのである。不確定と承認しながら，なおかつ確率や期待値が問われる」と説明。

そして，さらに，確率的決定における主観的条件と客観的条件とについて述べ，混合戦略による決定は，客観的な条件の考慮から導かれたものであるとしています。

そして，最後は次の文章で結ばれています。

> ミクロは，既にマクロを予想しつつ行動しているのであり，これらの行動の分布によって，マクロが規定されるのである。このようなミクロとマクロとの関係が，ゲームの理論によって多くの解明の手がかりを得ると見ることは，必ずしも行き過ぎた解釈ではあるまい。私自身はこの辺に将来の一層の展開を期待しているのである。

また，内容紹介（232頁）のところでは，

> 経済学者の深く思いを潜めなければならないのは，経済生活における個人と社会，合理と非合理，ミクロとマクロとの関係である。この関係をいい加減に考えて威勢のいい議論を振り廻している限り，経済学の科学性は樹立されない。ゲームの理論はかかる経済

学の科学性のギャップに大きな反省を促すものに他ならない。そ
　　こでは完全に自由でもなく完全に必然でもない人間型の深い探究
　　が潜んでいる。

と述べています。

　なお，この年にナッシュの非協力ゲームの理論（1950）や交渉問題（1950）の論文が発表されましたが，先生がこの論文を書かれたのはそれ以前のことで，それにはふれていません。

　山田先生は，この論文の後，

　　「価格における確定・不確定」（1951）
　　「遊戯の理論における価格分析」（1952）

という2つの論文を『一橋論叢』に発表し，のちに，この2つの論文は，改訂されて，

　　山田雄三（1955）『現代経済学の根抵にあるもの』白桃書房。

に収められています。

　そこでは，ボエーム-バヴェルクの馬の取引について，売手と買手の間の非分割財市場として詳細に考察しています。その中で，「需要供給の全体は，単に一つのまとまった合計としてではなく，売手と買手の人数の排列のさまざまな組合せと考えられなければならない。サンメーションではなく，コンビネーションがここでの問題である」（同上書，173頁）と指摘しています。

　社会科学の多くの問題の数学的構造は，組み合わせ論的なものであり離散数学的なものであるということは『ゲームの理論と経済行動』の中でいわれていることですが，山田先生は，その意味を経済の実質に即して理解し，具体的に分析していたことを示しています。

　山田先生が指摘された多くの問題，例えば，個人と全体，あるいは部分と全体の問題は，現在に至るまで大きな問題になっています。

　合理と非合理の問題も，最近は限定合理性の問題として論じられ

ています。これからは，もっと広い意味で，合理的とは何かということが，社会科学の基本問題として議論されていくと思います。

合理性がどのように定義されるにせよ，人間は完全に合理的でもなく完全に非合理的でもありません。また，歴史の中における社会状況は完全に非協力的でもなく完全に協力的でもありません。

「完全に自由でもなく完全に必然でもない人間型の探究」，そして，「完全に合理的でもなく完全に非合理的でもない人間型の探究」というのは永遠に生きた課題だと思います。

山田先生が，一橋大学で1950年代に行われたゼミの様子が，山田ゼミ出身の作家・城山三郎氏の『花失せては面白からず――山田教授の生き方・考え方』（角川書店，1996）に詳しく述べられています。その中には，ゼミを辞めたいという城山氏に山田先生が宛てた長文の手紙が掲載されていて，それは，今でもなお，経済学を学ぶ者にとって，貴重な言葉として胸に響きますので，拙著『社会を展望するゲーム理論』の第13章に詳しく紹介させていただきました。

山田雄三先生は1902年12月20日生まれで，66年に一橋大学を定年退官し，その後は，社会保障研究所（現在の国立社会保障・人口問題研究所）の初代所長を務められ，1996年5月25日にお亡くなりになりました。

8　私とゲームの理論との出会い

山田雄三先生の論文を読んだとき，私は東北大学経済学部（旧制）の2年生でした。それが，私とゲームの理論との最初の出会いでした。それから，先生の書くものに関心をもち，第3章で述べた

山田先生の『計画の経済理論』などを読んで，モルゲンシュテルンのことなどを知るようになりました。

そして，フォン・ノイマン＝モルゲンシュテルンの *Theory of Games and Economic Behavior* をはじめ，この章のはじめに述べたハーヴィッツ，サイモン，コープランド，マルシャック，ストーンなどの書評を，仙台の CIE 図書館（戦争直後，GHQ の Civil Information and Education Section によって設置された図書館）から借り出して読んだりしていました。

また，フォン・ノイマンと量子力学の関係を知り，その頃出ていた朝永振一郎先生の『量子力学的世界像』（弘文堂，1950）を読んで，古典力学的世界像，統計力学的世界像，量子力学的世界像というような世界像に興味をもったりしていました。

私は安井琢磨先生のゼミに所属していましたので，その年の秋，ゼミで，次のような報告をしました。これが，私がゲームの理論について語った最初です。

> 『経済現象認識の一方法──ある一つのプログラム』
> 　　　　　　　　　　　　　　　　　1950年11月16日
> 1　問題提起
> 　　経済現象は一つの集団現象であって，個々の現象は偶然性を媒介として現象する確率変数であり，また，経済の本質の理解は，個別と集団との統一的認識によって初めて可能であり，そのためには確率論的方法が有効である，ということについて。
> 2　現象の確率論的考察
> 　　力学的世界像
> 3　古典力学的世界観と統計力学的世界観による経済認識
> 　　静態論的一般均衡理論の反省
> 　　ケインズ経済学の二，三の特質
> 　　経済現象の集団性，偶然性
> 　　　ここでは，ワルラス流の一般均衡理論の批判から始まり，次

> のようなことをいっています。
> 　「ワルラスの静態的一般均衡理論は，孤立的な個人の合理的行動から出発して，その単なる和として均衡が成立すると言う考えが基礎になっていて，フランス的な機械論的合理主義の思想に基き，経済人の行動を極めて原子論的に，質点のバランスとして捉えたもので，古典力学的自然観の人間社会への機会論的な適用である。」
> 　「古典力学的自然観から統計力学的自然観の移行に対応するものとして，ケインズ経済学がある。そこにおける総計的概念，すなわち，総需要，総供給，総投資や総所得などの概念は，統計力学的世界観によるものである。」
> 　「ケインズの長期期待は彼の確率論的な認識に連なるものである。」
> 4　経済現象の確率論的認識
> 　予想の不確実性
> 　確率変数として経済量
> 　チャンスとしての社会法則
> 　ここでは，
> 　「経済現象や社会現象というのは，人間の主体的な行動から形成されるものであるから，現実の場における人間の行動は確率的なものとして把握しなければならない。」
> 　として，不確実性とか偶然性とか不完全知識というようなことをいっています。
> 5　今後の課題
> 　経済理論の実証性
> 　ミクロ理論とマクロ理論との統一
> 　動態論の基礎とその発展
> 　確率モデルの計量的研究　　　　　　　　　　　　　　　以上

　こうして，私のゲーム理論と共に歩んだ道が始まりました（鈴木『ゲーム理論と共に生きて』〈ミネルヴァ書房，2013〉「第4章　東北大学時代」参照）。

第7章

新しい展開から批判の時代へ
1950 年代

1 ナッシュの非協力ゲーム

　フォン・ノイマンは，本の出版より前の 1943 年に，原子爆弾の開発計画，いわゆるマンハッタン計画のロス・アラモス・プロジェクトに参加し「西部に消えた男」になり，それから後は，主に計算理論および計算機の研究に取り組みました。
　第二次世界大戦が終了し，フォン・ノイマンはプリンストンに戻り，プリンストン大学でゲームの理論の講義をしましたが，そこには優秀な若い学生が集まってきました。
　若者が戦場から学問の世界に帰ってきて，そこで今までとは違った新しい学問に接したとき，それが若者の心を引き付けたのは，どこの国でも同じだったと思います。

　その中に，ナッシュ（John Forbes Nash, Jr., 1928-）がいました。
　1950 年の大きな出来事は，ナッシュによる非協力ゲームの理論の成立です。
　ナッシュは 1928 年 6 月 13 日にアメリカのウエストヴァージニア

州で生まれ，48年にカーネギー工科大学を2回飛び級をして卒業し，プリンストン大学の大学院に進みました。

そのときの指導教授がプリンストン大学に送った推薦状は，"This man is a genius." のただ一行だったそうです。

入学した翌年の1949年から50年にアメリカ原子力委員会（Atomic Energy Commission: AEC）の奨学金を貰い，AECフェローになっています。

当時のプリンストン大学の経済学部の教授には，ゲームの理論の理解者がなく，ゲームの理論を専門に学んだのはシュウビックなどほんのわずかでした。一方，数学部のタッカー教授などは理解があって，モルゲンシュテルンは数学部の学生に期待していました。

したがって，ゲームの理論の研究グループには，フォン・ノイマン，モルゲンシュテルン，シュウビックのほかには，数学部のタッカー，クーン，ゲイル，シャプレー，ミルナー，デービスなどがいました。ナッシュは入学してまもなく，タッカーのセミナーで，フォン・ノイマンの講義を聴いたのが，このグループに入ったきっかけでした。

その頃は，ゲームの理論の論文といえば，ゼロ和2人ゲームに関するものがほとんどでしたが，1950年に，ナッシュによる n 人ゲームの均衡点の論文が発表されました。

>Nash, J. F. (1950) Equilibrium points in n-person games. *Proceedings of the National Academy of Sciences of the USA*, 36: 48-49.

わずか2頁の短い論文ですが，n 人ゲームの均衡点が定義され，その存在が角谷の不動点定理を使って証明されました。ただ，この論文では，まだ非協力という言葉は使われていません。

次に，ナッシュは，「非協力ゲーム」と題する論文を書いて，

1950年5月に，Ph. D. をとりました。

> Nash, J. F. (1951) Non-cooperative games. *Annals of Mathematics*. 54 (2): 286-295.

フォン・ノイマン＝モルゲンシュテルンの本には非協力ゲームという言葉はありませんから，この論文で，非協力ゲームという言葉が生まれたということができます。

シュウビックによると，フォン・ノイマンはナッシュの非協力ゲームの均衡点の理論をなかなか認めなかったそうで，ナッシュが，この論文の説明をしたとき，フォン・ノイマンは「そんなのは不動点定理の応用問題に過ぎない」といったそうです。

フォン・ノイマンは，ナッシュ均衡点が複数あることによって，取るべき戦略として，特定の戦略が定まらないことが不満だったのと，非協力ゲーム理論よりも協力ゲーム理論のほうが，社会的に意味があると考えていたからではないかと思います。

プリンストン大学の若い研究者の成果は，プリンストンの赤本と呼ばれる Annals of Mathematics Studies の一つとして刊行されました。

> Kuhn, H. W. and A. W. Tucker eds. (1950) *Contributions to the Theory of Games*, I. Annals of Mathematics Studies. no. 24. Princeton University Press.

この論文集には，15編の論文が収められていて，その多くは，ゼロ和2人ゲームですが，ナッシュとシャプレーの共同論文

> Nash, J. F. and L. S. Shapley (1950) A simple three-person poker game. 同上書: 105-116.

が収められています。この論文は，n 人ゲームの均衡点について，タッカーから具体的な例を挙げて説明するようにと指示されて書い

第7章 新しい展開から批判の時代へ

たものです。

さらに，1953年には，メイベリーら3人が，

> Mayberry, J. P., J. F. Nash, and M. Shubik, (1953) A Comparison of Treatments of a Duopoly Situation. *Econometrica*. 21: 141-154.

を発表しました。

この論文は，モルゲンシュテルンから経済の問題への適用について書くようにと求められて書かれたもので，複占市場のクールノー均衡やシュタッケルベルク均衡などをナッシュ均衡の概念を用いて考察し，これによって，従来の複占市場の均衡とナッシュ均衡との関係が明らかになり，クールノー均衡点とかシュタッケルベルク均衡点とかいわれてきたことの違いは，ゲームのルールの違いであって，均衡点としてはともにナッシュ均衡点であることが明らかにされました。

これらの論文によって，非協力ゲームの理論のもつ意味も明らかになり，多くの人々が，非協力ゲームの理論をゲームの理論の一つのタイプとして受け入れ，その解としてナッシュ均衡の概念を受け入れるようになりました。

2 私の卒業論文

1950年の秋に，私は，安井ゼミで報告してから，ひたすら *Theory of Games and Economic Behavior* を読んでゆきました。

640頁にわたる大著ですから少々読んだぐらいではその意味がわかるはずもありませんが，その第1章と第2章に述べられている思想は，戦後の新しい思想を求めていた学生の心をとらえ，その夢をふくらませるに足るものでした。

先に述べたハーヴィッツ，マルシャック，ストーン，モルゲンシュテルン，ワルトなどによる紹介を，経済学部の研究室やCIE図書館から借りて，読んでゆきました。

　フォン・ノイマンの「社会的ゲームの理論について」や角谷の不動点定理などは，東北大学の数学教室から借りて読むことができました。

　ナッシュの非協力ゲームの2つの論文やワルトの書評など，いくつかの論文をノートに書き写しましたが，当時はコピー機などない時代でしたから，すべて手書きでした。

⬆ ナッシュの最初の論文を筆者が書き写したノート

　1951年の秋の頃から，私は卒業論文にとりかかりました。読むことのできた論文は，いずれも簡単に書かれた高いレベルのものですから，すぐ理解できるというようなものではなく，ほかに参考にするようなものもありませんでした。

　そうした状況の中で，稚拙ながらも理解した限りのことを私なりにまとめて，「ゲームの理論の構成とその経済学への応用」と題する卒業論文を書いて，1952年1月に提出しました。

　安井琢磨先生と米沢治文先生が審査員で，口頭試問があり，そこで，安井先生から「ゲームとは，一言でいえば何だ」と聞かれて，とっさに「相手がいるということです」と返事をしました。それ以来，それが，私のゲームの定義になっています。安井先生の意見は

確率が入ること,games of chance が念頭にあったようでした。

そして,従来のクールノーの複占均衡やシュタッケルベルク均衡などが,ゲームの理論によって,統一的に論じられるようになるというようなことを話しました。たぶん,山田雄三先生や前記のモルゲンシュテルンの論文によったものと思われます。統計学への応用にもふれ,ワルトの論文にある Game againsat Nature とか,Bayes 解などについても書いています。

幸い何とか無事に合格し,1952 年 3 月に東北大学経済学部を卒業し,引き続き大学に残って,ゲームの理論を学ぶことになりました。

3 ナッシュの交渉解

ナッシュは,前々から構想を温めていたといわれている 2 人のプレイヤーの間の交渉の問題を定式化して,ただ一つの妥結点を決定する方式を求め,1950 年に発表しました。

> Nash, J. F. (1950) The bargaining problem. *Econometrica*. 18: 155-162.

この論文は 5 つの公準から交渉の結果をもとめたもので,公理論的交渉理論の出発点となったものです。その後,n 人交渉問題に拡張され,さらに公理系の再検討も行われ,ナッシュ交渉解とは異なるカライ=スモロデンスキー解 (1975) なども求められるようになりました。

この交渉問題は,彼がプリンストンに来る前にある程度完成していたというのが伝説になっていましたが,ナッシュがいうには,基本的なアイデアはもっていたが,完成したのはプリンストンに来て

からだそうです。

　彼がゲームの理論のグループに加わったのは、この交渉問題に対する関心のためで、そこで経済学的な問題にふれたことで、交渉問題をまとめることができ、それが、彼をゲームの理論の研究に引き寄せたのだといっています。彼がそのアイデアを話したとき、モルゲンシュテルンに、論文にまとめるようにと、せきたてられてこの論文を書いたそうです。

　ナッシュは、この公準から得られた解が、ある非協力ゲームのナッシュ均衡点として求めることによって、彼の導いた公準と妥結点の意味を明らかにしようと考えて発表したのが、次の論文です。

　　　Nash, J. F. (1953) Two-person cooperative games. *Econometrica*, 21: 128-140.

　それは、非協力的状況から出発したプレイヤーがいかにして協力的状況に移行し、交渉解を受け入れるようになるかという問題で、この問題は、現在ではより広い意味で、いかにして非協力的状況から協力的状況に移行するかという問題として、ナッシュ・プログラムと呼ばれ、ゲーム理論の重要な課題の一つになっています。

ランド研究所での実験

　ナッシュは、大学院を卒業した後、サンタモニカにあるランド研究所に移りました。ランド研究所というのは、米空軍の援助によって作られた研究開発の研究所で、Research and Development の頭文字をとって、RAND と名づけられました。

　ランド研究所は、自由に研究ができる所で、フォン・ノイマンやモルゲンシュテルンも、この研究所に関係していたこともあって、シャプレー、ミルナーなど、多くの若いゲーム理論家がここに職を得て研究しています。そこでの研究はメモランダムとして刊行され、

多くの著書も出版されています。

　囚人のジレンマ型のゲームの実験などもしていましたが，ナッシュは，ミルナーたちと協力ゲームの実験も行っています。

　　Kalisch, G. K., J. W. Milnor, J. F. Nash, and E. D. Nering (1954) Some experimental n-person games. Thrall, Coombs, and Davis eds. *Decision Process*. John Wiley and Son: 301-327.

　ミルナーは，ここでのいくつかの実験から得られた結果が，ゲームの理論から得られる結果に合わないので，ゲームの理論から去ったといわれています。

4　ナッシュの人生

　その後，ナッシュはマサチューセッツ工科大学（MIT）のインストラクターになり，次いで准教授になりましたが，まもなく病気になり，MIT を辞めて，プリンストンに戻り，療養生活に入りました。

　私がプリンストン大学に留学していた頃（1961-64 年）は，プリンストンの高等研究所に客員研究員として席をおいて，難しいことを考えていたようでした。ゲームの理論や数理経済学のセミナーにも時々出席していて，あるセミナーで，ゲイル（David Gale）が報告したときに，ナッシュが「利子率は」と一言質問したことが印象に残っています。それは，かなり的を射た質問でした。

　彼が，私に，恥ずかしそうに，碁をやりますかと聞いたので，彼と碁をやったことがあります。そのときの彼の囲碁の力はまったくの初心者のレベルでした。

　ナッシュの業績は，非協力ゲームの理論に関しても，交渉問題に

関しても，それ以後のゲーム理論の発展の基礎をなすもので，その功績は不滅のものということができます。

ナッシュは，非協力ゲームの理論の功績によって1994年にノーベル経済学賞を受賞しました。論文が発表されてから40年以上経った後のことになります。

ナッシュの人生については，

> Nasar, S. (1998) *A Beautiful Mind*. Simon and Schuster（ナサー／塩川優訳『ビューティフル・マインド』新潮社，2002）.

があります。この伝記には，ナッシュのランド研究所での研究の様子や，そこで働くシャプレーをはじめ多くのゲーム理論家や，アロー（Kenneth Joseph Arrow, 1921-）のような経済学者のことなども，興味深く紹介されています。

ナッシュの業績については，

> Kuhn, H. W. and S. Nasar eds. (2002) *The Essential John Nash*. Princeton University Press（クーン＝ナサー編／落合卓四郎・松島斉訳『ナッシュは何を見たか——純粋数学とゲーム理論』シュプリンガー・フェアラーク東京，2005）.

に詳しく述べられています。

5　一般向けの解説書の刊行

その頃，一般向けの解説として，

> McDonald, J. (1950) *Strategy in Poker, Business and War*. W. W. Norton（マクドナルド／唐津一訳『かけひきの科学』日本規格協会，1954）.
> McDonald, J. (1952) Strategy of the Seller, or What Businessmen

> won't Tell. *Fortune*: 679.

が出版されています。このアメリカの経済誌『フォーチュン』に掲載された解説によってゲームの理論を知ったという人が多いようです。ゼルテンも，この記事によって，初めてゲームの理論を知ったといっています。

　よく読まれた解説書としては，次のものがあります。

> McKinsey, J. C. C. (1952) *Introduction to the Theory of Games*. McGraw-Hill.

この本によって，ゲームの理論が普通の学生にも理解されるようになりました。大部分はゼロ和2人ゲームで，協力ゲームは少し説明されていますが，ナッシュの非協力ゲームについては，むしろ疑問を呈しています。

　ランド研究所の数学部長のウィリアムズには，

> Williams, J. D. (1954, 1966) *The Compleat Strategyst*. The RAND Series, McGraw-Hill（ウィリアムズ／竹内啓・関谷章・新家健精訳『ウィリアムズのゲーム理論入門』原著第2版の訳，白揚社，1967）．

があります。ゼロ2人ゲームだけで，非ゼロ和ゲームはわずか2頁だけです。

6　ニブレンのマクロ経済学への適用

1951年には，次のような論文や本が出版されています。

> von Neumann, J. (1951) *The Genaral and Logical Theory of Automata: Cerebral Mechanisms in Behavior*. The Hixon Symposium (1948) edited by L. A. Jeffress. John Wiley and Sons: 1-31.

Arrow, K. J. (1951) *Social Choice and Individual Values.* John Wiley and Sons（アロー／長名寛明訳『社会的選択と個人的評価』日本経済新聞社, 1977).

Nyblén, G. (1951) *The Problem of Summation in Economic Science: A Methodological Study with Applications to Interest, Money and Cycles.* C. W. K. Gleerup, Lund.

　フォン・ノイマンの論文とアローの本は，それぞれの分野の基本的文献として，今さら紹介するまでもありませんが，ニブレンの本は今ではまったく忘れ去られていますので，紹介させていただきます。

　ニブレン（Göran Nyblén）はスウェーデンのルント（Lund）大学で学んだ経済学者で，1949 年から 50 年にかけて，アメリカに留学し，いくつかの大学をまわった後，プリンストン大学に 1 年ほど滞在し，シュウビックなどと一緒にモルゲンシュテルンのもとで学んでいました。

　彼はゲームの理論を用いて，マクロの金融の問題について実証的な研究を行い，その仕事をまとめたのが前記の本です。

　彼は利子率と物価指数との時系列データを比較して，1930 年以前では，この 2 つは相関して動いているが，それ以後は相関がくずれて，利子率は比較的固定的であることを示しました。そして，市場利子率の理論が，1930 年以前では，利子は賃金などのほかの分配要素と同格の要素と考えられるが，30 年以後では，利子は賃金などとは別の特別な地位にあり，常に低くおさえられていたとして，30 年以前の状況に対応するのが古典派の利子論で，30 年以後の状況に対応するのがケインズの利子論であると述べ，1930 年前後に利子を決定する社会規範の変化があったと考えました。

　ニブレンは，この社会規範こそが，フォン・ノイマン＝モルゲン

シュテルン解における行動基準を反映したものであると考え，1930年を境にして見られる利子と賃金などのほかの要素との関係の変化を，フォン・ノイマン＝モルゲンシュテルン解のタイプの変化，すなわち，行動基準の変化として説明することができると考えました。

そこで，彼は，プレイヤーを，労働者，企業家，地主，利子生活者の4人とし，それぞれのプレイヤーの利得を，賃金，利潤，地代，利子とする4人ゲームを考えました。ただ，当時は4人ゲームのすべての解が知られていなかったので，3人ゲームによって説明しています。

彼は，このゲームで，1930年以前では，4人のプレイヤーはすべて客観的立場にあって客観解が成立し，30年以後は，利子取得者は差別されたプレイヤーとなって差別解が成立したと考えました。

ケインズは「利子生活者の安楽死」といっていますが，それを，フォン・ノイマン＝モルゲンシュテルン解のタイプによって説明したということができます。

なお，客観解（objective solution）というのは，ニブレンの用語で，非差別解あるいは対称解のことで，あまり使われませんが，私はよい名称だと思っています（鈴木『新ゲーム理論』第13章参照）。

このようにして，古典派の理論もケインズの理論も1つの理論に統合され，その相違は2つの社会規範の変化，すなわち，行動基準の変化として説明され，フォン・ノイマン＝モルゲンシュテルンの理論は，従来の2つの理論を含むより包括的な理論であり，従来の理論はともに Time Limited Theory であると述べています。

次に，彼は，彼の考えた利子論によって，インフレーションと景気循環について考えています。彼の説明に少し今風の解釈を加えれば，次のようにいうことができます。

1930年以前には，利子生活者もほかのプレイヤーと対等な立場

にあったので，コアの中のどこかの配分に落ち着いていますが，30年以後は，利子生活者は差別的立場に立たされて交渉曲線の上にきて，その交渉力が次第に弱くなって，その利得の取り分が減少してゆくと見ることができ，それがインフレーションの過程であるというわけです。

彼は，特性関数は実物経済における物理的な生産能力を表現していて，インフレーションの過程では，特性関数は変化しないと考え，特性関数が変わらなくとも，交渉曲線上の点を下がるという形で，インフレーションは進行するというわけです。

景気循環については，実物経済における生産能力の変化と考え，それに対応する特性関数の変化に応じて，利得配分が適応する過程と考えます。

インフレーションは，特性関数には変化がなく，行動基準の変化として説明し，景気循環は，投資によって特性関数が変化し，それに応じて解が変化するというのが，彼の景気循環論の要点です。

以上のような話ですが，景気循環の説明はあまりよく説明されたとは思われません。『ゲームの理論と経済行動』が出版されて間もない頃で，コアの概念すらない頃ですから，彼としても十分とは思わなかったことでしょう。彼は帰国して，これを博士論文として提出しました。

私がこの本を手にしたのは，大学の学部を卒業した1952年でした。安井先生から，この本の書評を当時の理論経済学会の機関誌に書くようにいわれて，

> 鈴木光男 (1955)「書評 Göran Nyblén: *The Problem of Summation in Economic Science*」『季刊理論経済学』, 5 (3): 194-196 頁。

という書評を書きました。

ニブレンの考察は，思いつき以上のものではなかったので，その

後,思い出されることもなくなり,今から見ればさほど参考になるところはありませんが,ゲームの理論が世に出た当初に,このような試みがあったということは,記憶されてよいと思います。

私は,その書評をルント大学の彼に送ったところ,彼の先生のオーカアマン (Johan Åkerman, 1896-1982) 教授から,彼が亡くなったという返事をいただきました。

のちに,モルゲンシュテルンから,ニブレンは,帰国後,職を得ることができなくて,精神を病んで,自殺したと聞きました。私には,彼が帰国後,職を得られず自殺したということに,当時のゲームの理論の研究者のおかれた立場を偲ばざるをえませんでした。

なお,師のオーカアマン教授には,次の著書があります。

> Åkerman, J. (1961) *Theory of Industrialism : Casual Analysis and Economic Plons.* Gleerup. (オーカアマン／児玉亮訳『成長・循環・構造の理論』文雅堂銀行研究社, 1964).

彼は,ここで,ニブレンの考察に基づいた議論をしています。

7 社会的均衡の存在

不動点定理の拡張

不動点定理は,今では広く知られるようになりましたが,その古典的なものは,ブラウワーの不動点定理として知られる点対点の写像に関するものです。

> Brouwer, L. (1912) Über Abbildungen von Mannigfaltiugkeiten (集合体の写像ついて). *Mathematische Annalen.* 71: 97-115.

この点対点の写像を点対集合の写像に拡張したのが,角谷の不動点定理 (1941) です。

ナッシュの非協力ゲームでは，混合戦略の集合はコンパクトな凸集合で，角谷の不動点定理を用いて，その存在を証明しましたが，コンパクト凸集合という条件を拡張して，非循環的（acyclic）という条件に置き換えても，不動点が存在することが

> Eilenberg, S., and D. Montogomery (1946) Fixed point theorem for multi-valued transformation. *American Journal of Mathematics.* 68: 214-222.

によって証明され，そして，さらに，ビーグル（Edward Griffith Begle）によって，非循環的を収縮可能（contractible）という条件に置き換えても，不動点が存在することが証明されました（鈴木『ゲームの理論』勁草書房，1959年の付録「不動点定理」参照）。

> Begle, E. G. (1950) A fixed point theorem. *Annals of Mathematics.* 51: 544-550.

社会的均衡の存在証明

そして，デブリュー（Gerard Debreu, 1921-2004）が，混合戦略の集合をこの収縮可能な集合に拡張して，非協力ゲームの均衡点の存在を証明しました。

> Debreu, G. (1952) A social equilibrium existence theorem, *Proceedings of the National Academy of Sciences of the USA,* 38: 886-893.

この論文で，ナッシュの非協力ゲームの均衡点の理論が経済の一般均衡と関係があることが示されました。

私は，この年に大学院に入りましたが，このデブリューの論文を私なりに解釈して，翌1953年の理論計量経済学会で，

「市場のGame論的一考察——非協力的Gameの一理論」

という報告をしました。

なお，この1953年には，

 岡本哲治「Essential Games と市場均衡の特質」
 藤野正三郎「Game の理論と複占均衡」

という2つの報告もありました。

3人とも Game と原語のままにしているのは，Game の訳が定着していなかったことを示しています。Theory of Games を「遊戯の理論」と呼ぶ人も多く，そう言いたくない気持ちを3人とももっていたからと思います。

そして，1954年になって，アローとデブリューによる

 Arrow, K. J., and G. Debreu (1954) Existence of an equilibrium for a competitive economy. *Econometrica*, 22: 265-290.

が発表され，この論文によって，経済の一般均衡の存在が証明されました。

これ以後，ゲイル，二階堂副包，マッケンジー，森嶋通夫，福岡正夫，安井琢磨などの人々によって，一般均衡モデルの均衡点の存在についての証明が行われ，一種の流行のような感じでした。

 Gale, D. (1955) The law of supply and demand. *Mathematica Scandinavica*. 3: 155-169.
 Nikaido, H. (1956) On the classical multilateral exchange problem. *Metroeconomica*. 8: 135-145.
 Mckenzie, L. W. (1959) On the existence of general equlibrium for a competitive market. *Econometrica*. 27: 54-71.

これらは，いずれも非協力ゲームを基礎にしたものですが，モルゲンシュテルンは，完全競争はフィクションで，フォン・ノイマン゠モルゲンシュテルン解こそが市場均衡を説明する理論であると考えていましたので，非協力ゲームによる市場均衡の説明には，必ずしも同意していなかったようです。

後で述べるように，その後，譲渡可能効用を前提としない協力ゲ

ームが定義され，それに基づいて一般均衡の存在が論じられるようになりました。

このようにして，経済学において，正統的にして最も正統的なる一般均衡の理論は，異端の思想であるゲームの理論によって，初めてその明確な姿が明らかにされたわけです。

8 政治学におけるゲーム理論
—— シュビック編の論文集

政治学者のスナイダー（Richard C. Snyder）が企画した

　　Doubleday Short Studies in Political Science

というシリーズの中の一つとして，シュウビックは1954年に，初期のゲームの理論を紹介しました。

シリーズの編者スナイダーは，政治学へのゲームの理論の適用の可能性を確信して，若いゲーム理論家のシュウビックを高く評価し，このシリーズの一冊をシュウビックに編纂させています。

　　Shubik, M., ed. (1954) *Readings in Game Theory and Political Behavior.* Doubeday & Company.

この論文集はすでに発表された論文の一部を編纂したもので，次の論文が収められています。括弧内の年は元論文が発表された年で，末尾は発表された雑誌等です。

　　Snyder, R.（書き下ろし）編者序
　　Shubik, M.（書きおろし）ゲームの理論の性質
　　Kaplan, A. (1952) Mathematics and social analysis. *Commentary*, September: 274, 282-284.
　　McDonald, J. (1950) Militry Operations and Games. *Strategy in Poker, Business and War.* W. W. Norton（マクドナルド／唐津一訳『かけひきの科学』日本規格協会，1954年）．

Marschak, J. (1954) Toward a preference scale for decison-making (未公刊).

Wald, A. (1948) The theory of games. *Review of Economic Statistics*. February: 47-52.

Shubik, M. (書き下ろし) Does the fittest necessarity survive?

Deutsch, K. (1954) International politics and game theory (元の論文のタイトルは, Game Therory and Politics: Some Problem of Application). *Canadian Journal of Economics and Political Science*. February: 76-83.

McDonald, J. and J. Tukey (1949) Colonel Blotto: A problem of military strategy. *Fortune*. June: 102.

von Neumann, J. and O. Morgenstern (1944) The Basis of Game Theory. *The Theory of Games and Economic Behavior*. Princeton University Press: 42-45.

Black, D. (1950) The unity of political and economic science. *Economic Journal*. September: 506-514.

Arrow, K. J. (1951) Political and economic choice. *Social Choice and Individual Values*. John Wiley and Sons: 1-6.

論文のタイトルからだけでも，当時のゲームの理論への期待を偲ぶことができます。

また，スナイダーには，次のような著書があります。

Snyder, R. C. and P. Diesng (1977) *Conflict Among Nations, Bargaining, Decision Making and System Structure in International Crises*. Princeton University Press.

国際関係の政治学において，ゲームの理論が適用された初期のものということができます。

なおこの頃から，Theory of Games の代わりに，Game Theory といういい方が使われるようになってきました。

9　Annals of Mathematical Studies の 3 冊

　1953 年には，プリンストンの赤本シリーズの『ゲームの理論の論文集Ⅱ』が発表されました。この論文集には 21 編の論文が収められていますが，いずれもそれ以後のゲームの理論の基礎をなしています。

> Kuhn, H. W. and A. W. Tucker, eds. (1953) *Contributions to the Theory of Games*. Ⅱ. Annals of Mathematics Studies, no. 28. Princeton University Press.

　この本は，4 つのパートからなり，21 の論文が収められています。

1　有限ゼロ和 2 人ゲーム
2　無限ゼロ和 2 人ゲーム
3　展開形ゲーム
4　一般 n 人ゲーム

　クーンは，この中で，情報の問題を考える上できわめて重要な役割を担っているゲームの展開形について，大変わかりやすい形で表現しました。

> Kuhn, H. W. (1953) Extensive games and the problem of information. 同書: 193-216.

　フォン・ノイマン＝モルゲンシュテルンのゲームの形式の表現は公理的集合論による表現で，図形による表現は 1 カ所に例示的にあげられているだけですが，クーンは，今日，展開形としてよく知られているゲームの木（図表 7-1 参照）という形で表現しました。

　そして，行動戦略，完全記憶などの概念を導入して，情報構造と戦略や均衡点との関係について，いくつかの重要な定理を導き，その後の展開形ゲームの理論の基礎を作りました。

図表 7-1　ゲームの木の例

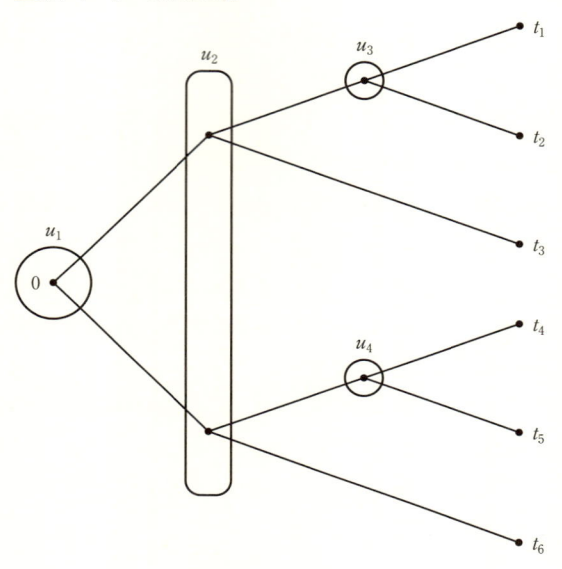

また、ゲイルとスチュワート（F. M. Stewart）は、純戦略が無限の場合には、完全情報ゲームでも、選択に関するある前提を仮定すると、純戦略での均衡点をもたないゲームがあることを証明しました。

　　Gale, D. and F. M. Stewart（1953）Infinite games with perfect information. 同書: 245-266.

シャプレーは、フォン・ノイマンの1928年の論文の中で、協力3人ゲームの値として定義されたゲームの値を協力n人ゲームに拡張して、シャプレー値として知られる協力ゲームの値を定義し、その存在を証明しました。

　　Shapley, L. S.（1953）A value for n-person games. 同書: 307-359.

シャプレー値は，ナッシュの交渉問題の解と同様に，いくつかの公準から解を導いたもので，このシャプレーの貢献は，ナッシュの交渉解とともに，ゲームの解の公理論的研究の先駆をなすもので，その後多くの具体的な問題に適用されるようになりました。

そのよく知られた例として，

> Shapley, L. S. and M. Shubik (1954) A method for evaluating the distribution of power in a committee system. *American Political Science Review*. 48: 787-792.

があります。これは，シャプレー値を，投票システムにおいて，各プレイヤーがもつ影響力を示す指数と定義したもので，その後，投票力指数として広く用いられています。

他には，次のような論文が，この頃発表されています。

> Shapley, L. S. (1953) Stochastic games, *Proceeding of the National Academy of Sciences of the United States of America*. 39: 1095-1100.
>
> Harsanyi, J. C. (1953) Cardinal utility in welfare economics and in the theory of risk-taking. *Journal of Political Economy*. 61: 434-435.
>
> Harsanyi, J. C. (1955) Cardinal welfare, individualistic ethics and the interpersonal comparisons of utility. *Journal of Political Economy*. 63: 309-321.
>
> Harsanyi, J. C. (1956) Approaches to the bargaining problem before and after the theory of games: A critical disscussion of Zeuthen's, Hick's, and Nash's theories. *Econometrica*. 24: 144-157.

この頃から，ハルサニが，効用の比較や厚生経済学，倫理の問題などに積極的に取り組んでいたことがうかがわれます。1956年の論文では，ナッシュの交渉問題の装置を用いて，ツォイテンやヒックスの交渉理論を比較し，ツォイテンの交渉理論がナッシュの交渉解と一致することを証明しました。

その頃，モルゲンシュテルンには次の編著があります。

    Morgenstern ed.（1954）*Economic Activity Analysis*. John Wily and Sons.

『道徳哲学の用具としてのゲームの理論』

『真理と確率』の著者として知られるラムジー遺稿集を，最初に編纂したケンブリッジ大学の哲学者ブレスウェイトに，次の著書があります。

    Braithwaite, R. B.（1955）*Theory of Games as a Tool for the Moral Philosopher*（道徳哲学の用具としてのゲームの理論）. Cambridge University Press.

新書版くらいの小さな本ですが，ゲームの理論が道徳哲学の用具として有効であることを示しています。出版された当時は，数少ないゲームの理論の本でした。

今ではこの本にふれる人はほとんどいません。イギリスでは，ゲームの理論が認められるまでには長い年月を要しましたので，忘れ去られたのだと思われますが，ケンブリッジにも，当初はゲーム理論に関心をもつ哲学者がいたことを示しています。

    山田雄三（1955）『現代経済学の根底にあるもの』白桃書房。

が出版されたのも，この頃です。この本の最初（「Ⅰ現代経済学の論点」1-27頁）に，「経済の病理学には，誰でも強く注意を向けたがるが，病理学は生理学の上に築かねばならぬものである」というピグーの言葉を引用して，最近の経済学では，不完全競争とか不安定とか「不」の字の付くものが多いといって，その頃の経済学の状況を話しています。

線型不等式の論文集

1956年には，プリンストンの赤本の一つとして，

> Kuhn, H. W., and A. W. Tucker, eds. (1956) *Liner Inequalities and Related Systems*, Annals of Mathematics Studies. no. 38. Princeton University Press.

が刊行されました。ゲームの理論の基礎的な数学の問題が取り扱われていて，18編の論文からなり，例えば，次のような論文が収められています。

> Tucker, A. W., Dual Systems of homogeneous linear relations.
> Goldman, A. J. and A. W. Tucker, Polyhedral convex cones.
> Goldman, A. J., Resolution and separation theorems for polyhedral convex sets.
> Goldman, A. J. and A. W., Tucker, Theory of linear programming.
> Fan, K., On systems of linear in equalities.

この頃，私は，『季刊理論経済学』の編集をされていた青山秀夫先生（当時，京都大学教授）に依頼されて，これらの論文を参考にして，次のような解説を書きました。

> 鈴木光男（1956）「Convex Cone の性質」『季刊理論経済学』7:(1, 2) 257-266。

『ゲームの理論の論文集Ⅲ』の出版

1957年に，次の論文集が出版されました。フォン・ノイマンの亡くなった年ですが，おそらく，彼の死以前に企画されたものと思われます。

> Dresher, M., A. W. Tucker, and P. Wolfe eds. (1957) *Contributions to the Theory of Games*, vol. Ⅲ, Annals of Mathematics Studies, no. 39. Princeton University Press.

この論文集は次の5つのパートからなっています。

1. いくつかのゲームのプレイの手番
    生存ゲーム，回帰ゲーム，有限ゲーム，繰り返しゲーム，繰り返しプレイのリスク回避，完全情報有限ゲーム。
2. 完全情報ゲーム
3. 部分情報ゲーム
4. 連続体の戦略をもつゲーム
5. 連続体の手番をもつゲーム

23編の論文が収められていて，多段階ゲームや情報の問題，連続体の戦略や手番の問題が，中心的な話題になっています。

10 フォン・ノイマンの死

フォン・ノイマンは不幸にも1957年2月8日に53歳の若さで亡くなりました。アメリカ数学会誌

Bulletin of The American Mathematical Society. May, 1958.

はフォン・ノイマンの追悼号で，フォン・ノイマンの関心の広さを反映して，多くの分野の専門家が回想を寄せています。

Ulam, S., John von Neumann, 1903-1957: 1-49.
Birkhoff, G., Von Neumann and Lattice Theory: 50-60.
Muray, F. J., Theory of Operators, Part I, Single Operators: 57-60.
Kadison, R. V., Theory of Operators, Part II, Operator Algebras: 61-85.
Halmos, P. R., Von Neumann on Measure and Ergodic Theory: 86-94.
Van Hove, L., Von Neumann's Contributions to Quantum Theory: 95-99.
Kuhn, H. W., and A. W. Tucker, John von Neumann's Work in the Theory of Games and Mathematical Economics: 100-122.
Shannon, C. E., Von Neumann's Contributions to Automata

Theory: 123-129.

モルゲンシュテルンは次の追悼文を書いています.

Morgenstern, O. (1958) John von Neumann, 1903-1957. *The Economic Journal.* 68: 170-174.

また,カルドアは前述(本書36-38頁)のような回想をしています. フォン・ノイマンの遺稿集としては,

Taub, A., ed. (1961) *Collected Works of John von Noumann,* 全6巻 Pergamon Press.

があり,後に書かれた伝記には,

Heims, S. J. (1980) *John von Neumann and Norbert Wiener: From Mathematics to the Technologies of Life and Death* . MIT Press (ハイムズ/高井信勝監訳『フォン・ノイマンとウィーナー』工学社,1985).

Shurkin, J. N. (1984) *Engines of the Mind: The Evolution of the Computer from Mainframes to Microprocessors.* W. W. Norton (シャーキン/名谷一郎訳『コンピュータを創った天才たち——そろばんから人工知能へ』草思社,1989).

Macrae, Norman (1992) *John Von Neumann: The Scientific Genius Who Pioneered the Modern Computer, Game Theory, Nuclear Deterrence, and Much More.* Pantheon Books (マクレイ/渡辺正・芦田みどり訳『フォン・ノイマンの生涯』朝日選書,1998).

などがあります.

11 批判の時期

1950年代も後半になると,ゲーム理論に対する熱気のようなものは次第に衰えてきました.初期の華々しい評価にもかかわらず,カルドアがいっているように,数学が難しい割には,経済の具体的

な問題に十分に適用できなかったので,具体的な成果を求める人々には魅力を感じられなくなったようです。理論的にも行き詰まりのような感じを与えていました。

その頃の状況を示すものとして,ルースとレイファによる

> Luce, R. D. and H. Raiffa (1957) *Games and Decisions: Introduction and Critical Survey*. John Wiley & Sons.

があります。

この『ゲームと意思決定――序説と批判的サーベイ』は,当時のゲームの理論について,その意味を広範にわたって根底から考察したもので,この本で提起されたさまざまな問題は,その後,多くの人々によって検討され,新しい道を拓く基礎になり,ゲームの理論の古典の一つとなっています。

ただ,この本をゲームの理論に対して批判的なものと受け取る人も多くあり,事実,ルースは,これ以後は,どちらかといえば,心理学の研究が主になり,レイファはゲームの理論というよりは,より狭い意味の意思決定理論の研究に移っています。

この本が出版された翌年の1958年に,サミュエルソンらドッソー(DOSSO)と呼ばれた3人によって書かれた

> Dorfman, R., P. A. Samuelson, and R. M. Solow (1958) *Liner Programmng and Economic Analysis*. The RAND Seris, McGrow-hill(ドーフマン=サミュエルソン=ソロー/安井琢磨・福岡正夫・渡部経彦・小山昭雄訳『線型計画と経済分析』Ⅰ・Ⅱ,岩波書店,1958・59).

が出版されました。

彼らは,その「第15章 ゲーム理論の要点」の「経済学の用具としてのゲーム理論」のところで,次のように述べています。

以上のわれわれの議論から,ゲーム理論を経済問題へ適用するこ

との可能性についての厳しい制約が明らかになった。……

『ゲームの理論』が公刊されて後経過した13年間に，ゲーム理論の具体的な経済問題への重要な応用が何ら見られなかったのは，驚くに当たらない。

　……

このような結論は残念なことかもしれないが，しかしこれ以上望んだとしてもそれは所詮無理なことであろう。経済の問題，とりわけさまざまな人たちの経済目的が相互に絡み合っている問題は恐ろしく複雑であって，それらを室内ゲーム（parlor games）の水準まで引きおろすことは，理論的にさえ，ほとんど期待することはできないであろう。

ゲームの理論は簡単な対立状態に対しては解答を与える。そして一層複雑な状態の理解のためには有用なヒントを与えてくれる。経済学者が数学のこの新しい分野から期待できることは，この程度が精一杯のところであろう。　　　　　　（同書，Ⅱ，548-549頁）

このように，彼らの意見はきわめて批判的なもので，さらに，その文献紹介（583頁）のところでは，『ゲームの理論と経済行動』について，Notoriously hard reading と評しています。ドイツ語のような英語に対して，彼らも一言いいたかったようですが，何も Notoriously とまでいわなくともと思います。

ヒックスも「線型理論」という論文で，ゲーム理論を経済学としてはまったく認めない発言をしていました。

　　ヒックス，J. R.／福地崇生訳（1963）「線型理論」久武雅夫編『現代の経済学3』東洋経済新報社，103-163頁（本来の発表誌やその発行年は訳書には記載されていないので，現在の私には記すことは不可能です。おそらく *Economic Journal* と思われます）。

ヒックスのゲームの理論に対する理解は，ほとんどミニマックス定理にとどまっているように見受けられます。訳文ではよく意味が

わからないところが多いのですが,「ゲームの理論が経済学の多くを併合しようとしているような感じがする。しかし, 私は確信をもって言うが, それは誤りである」というように, 全体としてきわめて否定的な印象を与える言葉を連ねています。

当時の経済学界に大きな影響力をもっていた大先生方のこのような発言は, 若い人がゲームの理論に向かうことを躊躇させたようです。特に, イギリスでは, ヒックスの影響が大きかったせいか, 当初, ゲームの理論に関心をもっていた人も他の分野に移っていって, イギリスでゲームの理論が本格的に研究されるようになったのは, かなり後になってからです。日本では, 私のような者の存在が許されたのですから, まだよかったと思います。

失望の時期

あまりに大きな賞賛はやがて失望につながります。初めは野心的な若い人がこの理論に飛びつきましたが, 経済学としての内容を豊かにするのに時間がかかり, 期待した程, 現実の経済と結び付けることができなかったので, 経済学の分野の多くの人はゲームの理論から去っていきました。

プリンストン大学でゲームの理論を学んだ若い数学者の多くも本来の数学の分野に戻ってゆきました。ナッシュ, スカーフ, シャプレー, ミルナーなどの天才あるいは超秀才というような人々と一緒にゲームの理論をやるのはかなわないといって, ゲームの理論から去った人もいたそうです。

この頃までを, ゲームの理論の第Ⅰ期と見ることができます。この期間はゲームの理論の基礎的な研究の段階で, そこで使われている数学もまだ十分に整理されていなくて, 研究者も数学を専門に学んだ人が主で, シュウビックや私のような経済学部出身の者はほと

んどいませんでした。経済学への具体的な問題への適用という点では，成果があったとはいえませんでした。

そして，この当時のゲームの理論のイメージが定着して，ゲームの理論は役に立たないというのが主流になってしまいました。

12 鈴木『ゲームの理論』執筆の頃

日本でも，初めはたくさんの経済学者が関心をもっていたのですが，いつのまにか，「遊戯の理論は理論の遊戯である」というような批判が横行して，ゲームの理論を専門に学ぶ人はほんの少しになってしまいました。

日本の1950年代は，経済成長が何よりの問題で，成長さえすれば何事もすべて解決するという時代でしたから，ゲームの理論が問題とするような領域に，あまり関心がもたれなかったのもやむをえなかったかもしれません。安井先生も，その頃は，ゲームの理論には批判的になっていました。私は「ゲームの理論によって経済学を書き替える」といって，先生に苦笑されたものでした。

その頃，日本で刊行されていたゲームの理論の本としては，

宮澤光一（1958）『ゲームの理論』（現代応用数学講座）岩波書店。

があります。いま手元にないので，よくわかりませんが，講座の中の一冊で，比較的薄い本だったように記憶しています。

その頃，安井先生は勁草書房の「経済分析全書」の編集に参加していて，先生からゲームの理論の本を書くようにいわれました。私としては，いろいろ批判はあるにせよ，とにかく自分が理解した限りのことはまとめておこうと思い，本の執筆に精を出しました。

先に述べたルース=レイファの本（1957）を私が手にしたのは，1958年も半ばの頃で，その頃は私の執筆もかなり進んでいましたので，あまり参考にすることができませんでした。
　私の本は，1959年4月10日に，

　　　鈴木光男（1959）『ゲームの理論』勁草書房。

として，次のような内容で出版されました。

　　　　第1章　ゲームの理論の誕生
　　　　第2章　ゲームの概念と分類
　　　　第3章　ゲームの展開形
　　　　第4章　ゲームの標準形
　　　　第5章　閉じた零和2人ゲーム
　　　　第6章　開いた零和2人ゲーム
　　　　第7章　ミニ・マックス定理の証明とゲームの解法
　　　　第8章　非零和2人ゲーム
　　　　第9章　協力n人ゲームの構造
　　　　第10章　協力n人ゲームの解
　　　　第11章　協力n人ゲームのϕ安定
　　　　第12章　非協力n人ゲーム
　　　　第13章　拡張された非協力n人ゲーム
　　　　付録　　位相数学の基礎
　　　　　Ⅰ　集合および位相
　　　　　Ⅱ　凸集合および単体
　　　　　Ⅲ　不動点定理
　　　　　　1　写像
　　　　　　2　Brouwerの不動点定理
　　　　　　3　角谷の不動点定理
　　　　　　4　収縮可能な多面体における不動点定理

　ゲームの理論を学ぶようになって，私が最も関心が深かったのは，安井ゼミでも報告した確率論的世界像とでもいうような社会認識でした。この本の中で，私は社会的法則について，

> 法則とか原理とかいわれるものには，いわゆる必然的法則と確率的法則（または偶然的法則）とよばれるものがあるが，社会的な人間の行動には，必然的法則に基づくよりは，本質的に，確率的法則によって決定されるというものが極めて多い。物理的な現象は，一見必然的法則に基づくもののように見えるが，その中にも，量子力学における運動のように，本質的に確率的法則に基づく現象も見られる。　　　　　　　　　　　　　　（同書, pp. 55-56）

と書いています。

その頃は，まだあまり紹介されていなかったナッシュとデブリューの非協力ゲームについても説明し，付録では不動点定理について詳しく説明しました。

ゲームの理論は，その後も「理解されること少なく，批判されること多い理論」として歩んできましたが，私は，いつの日か，それが社会科学にとって不可欠な言葉になると信じていました。

13　『ゲームの理論の論文集Ⅳ』の刊行

1959年，私の『ゲームの理論』が出版された同じ年に，

　Shubik, M. (1959) *Strategy and Market Structure, Competition, Oligopoly, and the Theory of Games.* John Wiley & Sons.

が出版されました。この本は，従来のさまざまなタイプの寡占市場の理論をゲームの理論によって分析したものです。ゼロ和2人ゲームしか知らなかった人も，この本によって，ゲームの理論によって，経済の具体的な問題が分析可能なことを知ったと思います。

また，この年に，プリンストンの赤本の一つとして，次の論文集

が出版されました。

> Tucker, A. W., and R. D. Luce, eds. (1959) *Contributions to the Theory of Games*. vol. Ⅳ. Annals of Mathematics Studies. No. 40. Princeton University Press.

この論文集は、フォン・ノイマンの追悼号として出版されたもので、フォン・ノイマンの 1928 年の論文の英訳と、18 編の論文からなり、巻末に、それまで書かれた 1009 個の文献目録が掲載されています。プリンストンの赤本としては、これがゲームの理論の最後の論文集であるかのような印象を与えています。

大部分は協力ゲームで、さまざまなタイプのゲームについて解を求めています。フォン・ノイマン＝モルゲンシュテルン解とは異なる解概念も生まれてきました。

コアの概念

協力ゲームのコアの概念は、1953 年にプリンストン大学で行われたコンファレンスで、シャプレーやギリスがアイデアを提起したものですが、1953 年に、ギリス（Donald Bruce Gillies, 1928-75）が、Ph. D. 論文で、フォン・ノイマン＝モルゲンシュテルン解を調べるための道具として、初めて名づけたものです。

> Gillies, D. B. (1953) Some theorems on n-person Games. Ph. D. Thesis. Princeton University.

フォン・ノイマン＝モルゲンシュテルンの本には、コアの概念は明記されていませんが、彼らがコアの状態に気がつかなかったわけではなく、交換市場を提携形ゲームとして定式化している 3 人ゲームの解の説明のところでは、コアに相当する領域を図示しています（*Theory of Games and Economic Behavior*. p. 415, p. 579 参照）。

この図を見て、ギリスは安定集合を求める際に、コアを考えたの

ではないかと思います。ギリスのPh.D論文以来，コアは広く知られるようになり，論文集Ⅳで，ギリスは，

 Gillies, D. B., Solutions to general non-zero-sum games: 47-85.

を発表しています。

　シャプレーは，対称市場ゲームのいくつかの解を求め，コアについても考察しています。また，シュウビックは，交換経済におけるエッジワースの契約曲線が協力ゲームのコアにほかならないことを示して，コアの重要性を認識させました。

 Shapley, L. S., The solutons of a symmetric market game: 145-162.
 Shubik, M., Edgeworth market games: 267-278.

そのほかにも，

 Aumann, R. J., Acceptable points in general cooperative n-person games: 287-324.
 Harsanyi, J. C. Bargaining model for the cooperative n-person games: 325-355.

などの論文があります。

　これが最後かと思われた論文集も，次の時代を用意するアイデアが含まれていて，次の時代への橋渡しの役割を担う論文集となりました。

「人間の能力」コンドルセ
　　人間は生まれながらにして感覚を受容する能力をもっている。人間はこれらの感覚を構成する単一感覚を知覚し，これらを識別し，また，これを把握し，これを認識し，これを連合する能力をもっている。
　　さらに人間はこれら単一感覚の間の連合を比較し，その共通なるものと，相違なるものとを弁別し，さらにこれらをもっとよく認識するために，これらの対象の全部に記号を付し，容易に新しい連合をなさしめる能力をもっている。
　　　　　『人間精神進歩史』（渡辺誠訳，岩波文庫，1951年，21頁）

第8章

新しい可能性の探求
1960年代

1 新しい幕開け —— 1961年のコンファレンス

　1960年代のゲーム理論にとっての大きな出来事は，1961年10月4日から3日間，プリンストン大学で開かれたゲームの理論のコンファレンスです。このコンファレンスは，モルゲンシュテルンとタッカーによって組織され，オーマンとマッシラーが書記の仕事をして開かれました。

　私は，その年の9月から，ロックフェラー基金のフェローとしてプリンストン大学のモルゲンシュテルンのEconometric Research Programに留学していましたので，このコンファレンスには，そのころ，プリンストン大学に滞在していた宮澤光一先生（当時，東京大学教授）や畠中道雄先生（大阪大学名誉教授，当時，プリンストン大学助教授）と一緒に出席することができました。

　この頃は，ゲーム理論の専門家の数はさほど多くはありませんでしたが，ナッシュ，ハルサニ，ゼルテンなど，たくさんの方が出席して，大変盛会でした。このコンファレンスに出席して，シャプレーやシュウビックなど，それまで名前だけしか知らなかった多くの

ゲームの理論の専門家の熱気に満ちた討論を聞くことができて，感銘深いものがありました。

このコンファレンスの報告は，

> Maschler, M. ed. 報告集（1962）*Recent Advances in Game Theory* (mimeo).

としてまとめられ，翌年出席者に配られました。この報告集には，39編の報告が収められています。

例えば，次のようなものがあります。

(1) Morgenstern, O., On the application of game theory to economics.
(2) Vickrey, W., Auctin and bidding games.

ヴィックリーのこの報告は，彼の最初の論文ともいえる

> Vickrey, W. (1961) Counterspeculation, Auctions, and Competitive Sealed Tenders. *Journal of Finace*, 16 (1) : 8-37.

を拡張して述べたもので，オークションについての先駆的業績ということができます。

(3) Fouraker, L. E., A survey of some recent experimental games.
(4) Maschler, M., An experiment on n-person games.
(5) Suppes, P., Recent developments in utility theory.
(6) Aumann, R. J. Cooperative games without side payments.
(7) Shapley, L. S., Values of games with infinitely many players.
(8) Scarf, H., An analysis of markets with a large number of participants.

(7)のシャプレーの報告は，シャプレー値をプレイヤーの数が無限の場合に拡張したもので，(8)のスカーフの報告もプレイヤーの数が無限の場合を考察しています。この頃から，プレイヤーの数が無限のゲームの研究が盛んになりました。

(9) Shapley, L. S., Market games.

⑽　Thrall, R. M., Generalized characteristic functions for n-person games.
⑾　Maschler, M., Bargaining in n-person cooperative games of pairs.
⑿　Isaacs, R., Differential games of kind.
⒀　Harsanyi, J., Rationality postulates for bargaining solutions in cooperative and in noncooperative games.
⒁　Borch, K., Discussion of professor Harsanyi's paper.
⒂　Tucker, A. W., Conbinatorial equivalence of fair games.

ここでの報告の多くは，のちに，それぞれの論文に関連ある専門の雑誌に発表されましたが，このコンファレンスの成果を基に，その後発展した論文を含めて，Annals of Mathematics Studies の一冊として，次の論文集が出版されました。

　Dresher, M., L. S. Shapley, and A. W. Tucker eds. (1964) *Advances in Game Theory*, Annals of Mathematics Studies. no. 52, Princeton University Press.

この論文集のタイトルが Game Theory となっているように，この頃から Thoery of Games から，単に Game Theory というのが普通になり，日本語でもゲーム理論というようになりました。

この論文集には 29 編の論文が掲載されています。このコンファレンスでは報告の希望者が多く，その全員がコンファレンスの期間中に発表することができなかったので，開会の前日に，ハルサニ，ゼルテンなどの有志が集まって，発表会を開いていて，その際，報告されたものも，この論文集に含まれています。

2 新しい概念の誕生

譲渡可能効用をもたない協力ゲーム

『ゲームの理論と経済行動』での協力ゲームでは，プレイヤー間で，例えば，貨幣のようなものがあって，その効用が譲渡可能で，別払い (side payment) が行われるものと考えています。効用が自由に譲渡可能であるということは，当初から批判の的でした。

それに対して，シャプレー，シュウビック，オーマンなどが効用が譲渡可能でないことを前提とした別払いのないゲームについてのアイデアを提出していました。報告集の(6)もそれに対するオーマンの意見を述べたものです。

その報告は，のちに，オーマンとペレグによってまとめられて，譲渡可能効用をもたず別払いが行われるとは限らない協力ゲームのフォン・ノイマン=モルゲンシュテルン解とコアについて発表しています。

> Aumann, R. J. and B. Peleg (1960) von Neuman-Morgenstern solutions to cooperative games without side payment, *Bulletin of the American Mathematical Society*. 66: 173-179.
> Aumann, R. J. (1961) The core of a cooperative games without side payments. *Transactions on the American Mathematical Society*. 98: 539-552.

コアと競争均衡

報告集の(8)のスカーフの論文は，Arrow and Debreu (1954) から始まった経済の一般均衡体系競争均衡の存在についての考察を，協力ゲームのコアとして考察したものです。この報告は，のちに，

> Debreu, G. and H. Scarf (1963) A limit theorem on the core of an economy. *International Economic Review*, 4: 235-246.

として発表され,市場における消費者や生産者の数が十分に大きければ,市場は完全競争の世界となり,競争均衡が成立するという命題が確立されました。

Arrow and Debreu (1954) では,非協力ゲームとしての市場でしたが,Debreu and Scarf (1963) では,譲渡可能効用をもつ協力ゲームとしての市場で,その後,経済の一般均衡体系を譲渡可能効用をもたない協力ゲームとして表現して,市場均衡の存在問題が考察されるようになり,オーマンによる2つの論文,

> Aumann, R. J. (1964) Markets with a continuum of traders. *Econometrica*. 32: 39-50.
> Aumann, R. J. (1966) Existence of competitive equilibria in markets with a continuum of traders. *Econometrica*. 34: 1-17.

によって決着がつけられました。

オーマンのモデルはきわめて一般的な体系で,その体系に解が存在するためには経済主体の数が連続無限でなければならないことを証明しました。この連続無限の数の経済主体というのが何を意味するかについて,さまざまな意味づけが行われました。

連続無限も一つの近似として受け入れられることもないではありませんが,現実には連続無限の人数というのはありえないわけですから,素朴に考えれば,連続無限の人数を想定して初めて解が存在するというのは,現実には解が存在しないことを意味するともいえます。

モルゲンシュテルンは,非協力ゲームによる市場均衡の説明には必ずしも同意していませんでしたが,このオーマンの発見は,モルゲンシュテルンの信念に光を当てたことになります。

ゲーム理論によるこれらの研究によって，一般均衡理論に新たな展望をもたらし，その研究に大きな転換を招き，より具体的な要素を含む体系の考察を促し，従来の一般均衡理論は高度に抽象的で特殊な理論と位置づけられるようになりました。

　「完全競争市場の一般均衡がなぜ成り立つのか」という一般均衡理論の最も根本的な問題に対して，ゲーム理論が決着をつけ，それによって，ゲーム理論が一般の経済学者に受け入れるようになったのは，皮肉ともいえます。（鈴木「一般均衡理論とゲーム理論との出会い」『社会を展望するゲーム理論』勁草書房，2007，参照）。

分割関数型協力ゲーム

　コンファレンスの報告集の(10)のスロールの報告は，協力ゲームのフォン・ノイマン＝モルゲンシュテルン型の特性関数を，分割関数（partion function）と呼ぶ関数によって一般化することにより協力ゲームの理論を拡張したものです。その後，より充実されて，次のルーカスとの共同論文として発表されました。

　　　Thrall, R. M. and W. F. Lucas (1963) N-person games in partion function form. *Naval Research Logistcs Quareterly*. 10: 281-298.

　プレイヤーの集合をN，提携をSとしたとき，提携Sに含まれないプレイヤーがどのような提携を結んで，プレイヤー全体の提携構造がどうなっているかによって，提携Sとして獲得可能な値が異なる場合が考えられます。そのような場合を考えて，特性関数を一般化したのが分割関数です。

　分割関数形ゲームの理論はその後あまり研究されていませんが，私は意味のある研究だと思って，鈴木編『ゲーム理論の展開』で詳しく紹介し，東京工業大学での卒業論文でも取り上げています。最近では，早稲田大学の船木由喜彦君などが，積極的に研究を進めて

います。また，最近研究が進められているネットワーク形ゲームにも通じるものがあります（鈴木『社会を展望するゲーム理論』勁草書房，2007，第6章，参照）。

微分ゲーム

報告集の⑿のアイザックス（Rufus Isaacs, 1914-81）の報告は，微分ゲームに関するもので，彼は微分ゲームの創立者の一人といってよく，彼の研究は下記にまとめられています。

　　Isaacs, R. (1965) *Differential Games*. John Wiley and Sons.

論文集 Advances には，ほかにも微分ゲームについて，ベルコヴィッツ（Berkovitz）の論文2編とフレミング（Fleming）の論文1編が収められています。

その後，微分ゲームの理論も一つの研究領域として発展して，制御工学関係の人々を中心にして，盛んに研究されるようになりました。特に旧ソ連時代から，軍事研究と関連して微分ゲームの研究が盛んで，ロシアになってからも盛んに研究されています。

論文集 Advances には，ほかには，例えば，次のような論文が収められています。

> Nikaido, H., Generalized gross substitutability and extremization: 55-68.
> Zachrisson, L. E., Markov games: 211-254.
> Hebert, M. H., The double discriminatory solutions of four person constant sum games: 345-375.
> Selten, R., Valuation of n-person games: 577-626.
> Aumann, R. J., Mixed and behavior strategies in infinite extensive games: 627-650.
> Harsanyi, A., general solution for finite noncooprative game based

on risk-dominace: 651-679.

新しい出発

シャプレーが、このコンファレンスのお茶の時間に、「ゲーム理論のコンファレンスもこれが最後だろう」というようなことを話していました。彼はいつもこんなふうに、いかにも楽しそうに、悲観的なジョークをいう人ですが、その予想は外れて、その後もゲーム理論のコンファレンスは、ほぼ4年ごとに、このときほどには盛会ではないにしても、開かれるようになり、やがて年に数回も、世界の各地でさまざまな名称で開かれるようになりました。

私は、オーマン、マッシラー、デービスとは、その後も、モルゲンシュテルンの研究所で一緒に過ごしました。彼らは、数学的な分析の有効性を確信して、いつも元気で大きな声で議論して、その道をどんどん進んでゆくように見えました。

特にマッシラーとは、長い間一緒でしたので、プリンストンを離れた後も、イスラエルでの研究の様子を知らせてくれました。

3　交渉集合、カーネル、仁

論文集 Advances に収められたオーマンとマッシラーによる

Aumann, R. J. and M. Maschler (1964) The bargaining set for cooperative games: 443-476.

は、交渉集合という新しい解概念を提案したものです。

報告集の (4) と (11) のマッシラーの報告は、2人提携の2人のプレイヤーの間の異議、逆異議による交渉の実験とその理論で、実験は、その理論の裏づけをとる意図のもとに行われたものです。

それまで囚人のジレンマなどの実験はありましたが，協力ゲームの実験はめずらしいもので，マッシラーの実験はその先駆をなすものです．交渉集合は，フォン・ノイマン＝モルゲンシュテルンの安定集合とは異なる交渉の原理による解概念で，空でない交渉集合が必ず存在することを証明しました．

　デービスは，コンファレンスの後も，モルゲンシュテルンの研究所に1年間いて，マッシラーと盛んに議論していましたが，彼らは，交渉集合の理論をさらに進め，交渉集合の部分集合として，カーネル（Kernel）を定義しました．

　　　Davis, M. and M. Maschler (1965) The Kernel of a cooperative games. *Naval Research Logistics Quareterly*. 12: 223-259.

　さらに，シュマイドラーによって，仁（nucleolus）が定義されました．

　　　Schmeidler, D. (1969) The nucleolus of a characteristic function games. SIAM J. of Applied Mathematics, 17: 1163-1170.

　仁は，提携構造ごとにただ一つの利得ベクトルを指定する解なので，シャプレー値とともに，ただ一つの利得ベクトルを求める必要がある場合に使われるようになっています．

　交渉集合，カーネル，仁は，当初は譲渡効用をもつ手付けを前提とするゲームについて定義されましたが，その後，譲渡効用をもたないゲームについても定義されています．

　交渉集合，カーネル，仁，および，その応用については，鈴木光男『新ゲーム理論』（勁草書房，1994年），中山幹夫・船木由喜彦・武藤滋夫『協力ゲーム理論』（勁草書房，2008年），中山幹夫『協力ゲームの基礎と応用』（勁草書房，2012年）にくわしく述べてありますので，参照してください．

　Nucleolusを仁と訳したのは中山幹夫君ですが，東京理科大学経

営工学科時代に,卒業論文で,学生が仁という言葉を使ったところ,審査する教員から,そんな言葉を使うのはけしからんと叱られました。私は仁と呼ぶのが気にいっています。

4 ハルサニの交渉問題と合理性の検討

1961年のコンファレンスにおけるハルサニ,ゼルテン,宮澤光一の報告は,いずれもハルサニの交渉についての論文

> Harsanyi, J. C. (1959) A bargaining model for the cooperative n-person games. *Contributions to the Theory of Games*, Ⅳ: 325-355.

を基礎にしたもので,3人の報告は,前記のマッシラー編の報告集(1962)に収められています。

いずれもハルサニがそれまで考察してきた合理性についての考え方を再考察したもので,いくつかの合理性を前提とすることによって,ただ一つの利得ベクトルを均衡解として決定する解の概念を提示したものです。

その後のハルサニには,次のような論文があります。

> Harsanyi, J. C. (1961) On the rationality postulates underlying the theory of cooperative games, *Journal of Conflict Resolutions*. 5: 179-196.
>
> Harsanyi, J. C. (1963) A simplified bargaining model for the n-person cooperative games. *International Economic Reiew*. 4: 194-220.

ハルサニとゼルテンとは,このコンファレンスで出会い,このときから2人の共同研究が始まったようです。

5 シュウビック編の論文集

1960年代に入ると,経済学以外の分野でもゲーム理論に対する関心が高まってきました。この頃,刊行されたものに,次のような著書があります。

> Buchanan, J. M. and G. Tullock (1962) *The Calculus of Consent: Logical Fundations of Constitutional Democracy*. The University of Michigan Press(ブキャナン゠タロック／宇田川璋仁監訳『公共選択の理論――合意の経済論理』東洋経済新報社,1979年).
> Farquharson, R. (1969) *Theory of Voting*. Yale University Press.

1964年に,当時のゲーム理論の状況を示すものとして,シュウビックによって既存の論文の一部を紹介した論文集があります。当時,シュウビックはIBMに勤めていました。

> Shubik, M. ed. (1964) *Game Theory and Related Approaches to Social Behavior*. John Wiley and Sons(シュウビック／白崎文雄訳『ゲーム論概説』東海大学出版会,1968).

この論文集は次の5つのパートからなっています。年号は元論文の発表年です。

1. 序論　Shubik, M.(書き下ろし)「ゲーム理論と社会行動の研究」
2. 一般
   Kaplan, A. (1952)「数学と社会分析」
   Luce, R. D. and H. Raiffa (1956)「ゲームと決定」
   von Neumann J. and O. Morgenstern (1944)「ゲーム理論のアプローチ」
   Marschak, J. (1954)「効用のスケールと確率」
   Black, D. (1950)「政治学と経済学の統合」

Milnor, J. (1954)「対自然ゲーム」
3. 政治的選択, 社会的力, 投票
Arrow, K. J. (1951)「政治的および経済的選択」
Shapley, L. and M. Shubik (1954)「コミッティ・システムにおける力の分布の評価の方法」
Mann, I. and L. Shapley (1962)「選挙人団の演繹的投票力」
Luce, R. D. and A. A. Rogow (1956)「安定的2政党システムの議会における力の分布」
Harsanyi, J. (1962)「社会的力の測定」
4. 駆け引き・脅し・交渉
Wohlstetter, A. (1963)「アメリカにおける罪とゲーム」
McDonald, J., and L. W. Tukey (1949)「Colonel Blotto ゲーム, 軍事戦略の問題」
Ellsberg, D. (1961)「戦略的選択の簡単な分析」
Aumann, A. J. (1961)「ほぼ厳密に競争的ゲーム」
Ikle, F. C. and N. Leites (1962)「効用改善過程の政治的交渉」
5. ゲーミングと実験
Goldhamer, H., and H. Speier (1959)「政治ゲーミングについての考察」
Guetzkow, H. (1959)「国際関係研究におけるシミュレーションの効用」
Rapaport, A. and C. Orwant (1962)「ゲームの実験」
Schelling, T. C. (1961)「ゲームの実験と交渉理論」
Deutsh, M., and R. Krauss (1962)「個人間交渉の研究」
Wilson, W. V., and E. Bixenstine (1962)「2人2選択肢ゲームにおける社会的コントロールの形式」
Hausner, M., J. F. Nash, L. Shaply, and M. Shubik (1951)「So Long Sucker, 4人ゲーム」

Games against Nature について

ミルナーの Games against Nature（対自然ゲーム）は,

Thrall, R. M., C. H. Coombs, and R. L. Davis eds. (1954) *Decision*

Processes. John Wiley and Sons: 49-59.

からとったものですが，Games against Nature という言葉は，早い時期に，ワルトが統計学を統計人と自然の2人ゼロ和ゲームとして考えた際に使われた言葉です（本書89頁，参照）。

私はワルトの論文でこの言葉を最初に読んだときは，興味深く受け止め，「工学者の社会的計画は Games against Society である」などといっていましたが，その具体的な内容は別として，自然と人間の関係をゼロ和2人ゲームと表すことに違和感をもっていました。われわれ日本人には，自然は，神のやどる地であり，母なる大地であり，恵みの母でした。日本人にとって，自然は対立するもではなく，ともに生きるものであり，Games with Nature ではないかと思いました。中国から来ていた留学生に，中国人にとって自然とは何かと聞いたこともあります。

安倍公房に『砂漠の思想』（講談社，1970），『内なる辺境』（中央公論社，1971）という評論集があります。そこで論じられているのは，自然は人間とは対立する存在であるということです。

ゼロ和2人ゲームとしての Games against Nature という思想は，まさに砂漠の思想であり，内なる辺境の思想を表す言葉に思われます。

日本で，いや日本人だけでなく欧米の一部の人々にとっても，ゲーム理論が受け入れられないのは，ゲーム理論が Games against Nature という言葉によって表される「砂漠の思想」から生まれたと認識されていることに関係があるのではいかと思うこともありました。Games against God という言葉もあります。

2011年の東日本大震災と福島第一原子力発電所の事故による放射能物質の拡散を考えると，Games against Nature の意味をあらためて考えざるをません。

6 ラパポートの『戦略と良心』その他

　この論文集に寄稿しているラパポート（Anatol Rapoport, 1911-2007）は，1911年にロシアで生まれたユダヤ人で，22年にアメリカに移り，28年アメリカに帰化しました。1929年からウィーンのState Academy of Musicで音楽を学んで学位をとりましたが，ナチの台頭により，ウィーンの多くのユダヤ人同様，34年にアメリカに帰っています。

　アメリカでは，音楽家になることを断念し，シカゴ大学で，数学，心理学などを学び，1941年に，Ph. D. をとっています。第二次世界大戦中は軍に従軍し，その後，1947年から54年までシカゴ大学で，55年から70年までミシガン大学で，数理生物学を教えていましたが，1970年に，ベトナム戦争に反対して，カナダに移り，トロント大学の数学および心理学の教授になり，79年に辞めています。

　このように多様な学歴と職歴の人で，多数のゲーム理論に関する論文があり，その多くは，*Journal of Conflict Resolution* に発表されています。

　そして，1971年に，ゲーム理論の国際専門誌，

　　International Journal of Game Theory

が発刊されると，その編集委員になりました。

　著書も多く，いずれも米ソ対立という緊迫感のもとで，良心的なゲーム理論家として，紛争のゲームについての実験やそれに基づく考察をしています。専門は数理生物学と数理心理学といえますが，平和問題の研究家ともいえます。

Rapoport, A. (1960) *Fights, Games, and Debates.* The University of Michigan Press.

Rapoport, A. (1964) *Conflict in Man-Made Enviroment.* Penguin Books.

Rapoport, A. (1964) *Strategy and Conscience.* Harper and Row(ラパポート／坂本義和・関寛治・湯浅義正訳『戦略と良心』岩波書店,1972)。

Rapoport, A. and A. M. Chammah (1965) *Prisoner's Dilemma: A Study in Conflict and Cooperation.* The University of Michigan Press(ラパポート=チャマー／広松毅・平山朝治・田中辰雄訳『囚人のジレンマ——紛争と協力に関する心理学的研究』啓明社,1983)。

ラパポート／関寛治編訳(1969)『現代の戦争と平和の理論』岩波新書。

これは 1965 年から 68 年にかけてのラパポートの講演(Three philosophies of war and their implications for peace research)と,ほかの3つの講義を訳者が編纂したものです。

Rapoport, A., ed. (1974) *Game Theory as a Theory of Conflict Resolution.* D. Reidel.

Kahan, J. P. and A. Rapoport (1975) Decisions of timing in conflict situations of unequal power between opponents. *Journal of Conflict Resolution.* 19: 250-270.

Rapoport, A., M. J. Guyer, and D. G. Gordon (1976) *The 2×2 Game.* The University of Michigan Press.

早い時期からゲームの実験をしていて,これは,それまでの2×2ゲームの実験を総括し,新しい実験を加えたもので,456頁の大著です。

ラパポート著(1964),坂本・関・湯浅訳(1972)『戦略と良心』は次の3部からなっています。

第1部 合理的決定の理論
第2部 戦略的思考の危険と落とし穴

第3部　二つの世界

この本の序文で，政治学者 C. W. ドイッチュは，

> 著者ラパポートは，数理生物学の分野での科学者，意味論と一般システム理論の分野での哲学者であり，また社会科学への数学の応用に詳しい卓越した学者であり，政治理論と社会科学の領域で，独創的，創造的な貢献をした人である。『闘争・ゲーム・論争』という表題で書かれた著書は，私の知るかぎり，ゲームと紛争の理論に関する一般書として最高のものである。彼には，数学者，科学者としての分析力があるばかりでなく，芸術家の感受性と眼識と，文筆家の幅広い知識とが兼ね備わっている。このような組合わせは，おそらく人間の問題を研究する上で最も恵まれた条件の一つであろう。　　　　　　　　　　　　　　　　　　　(p. vii)

といっています。

原著は1冊の書物ですが，邦訳は上下の2冊に分けられ，上巻は第一部と第二部の一部分からなっていて，出版されたのは上巻のみで，下巻は出版されていません。

それは，訳者が，その後，ゲーム理論に対して批判的な立場をとるようになり，ゲーム理論批判の論説を数多く発表するようになったので，本書の翻訳をとりやめたものと思われます。

7　シェリングの紛争の戦略

2005年に，シェリングとオーマンがノーベル経済学賞を受賞しました。彼らの受賞の理由は，「ゲーム理論のレンズを通したコンフリクトと協力の分析」ということで，コンフリクトのある状況からいかにして協力的状況に導くかという問題についての分析と，そ

れによって，経済や政治における交渉，安全保障と軍縮政策，市場における価格形成などの問題に，ゲーム理論を応用する基礎を作った功績にあると発表されています。

2人の受賞の基礎になった業績は，1960年前後を出発点とするもので，当時は米ソの冷戦時代で，米ソ間では軍縮交渉が頻繁に行われていました。この交渉をいかにして成功させるかということが問題でした。

シェリング（Thomas C. Schelling, 1921-）は，1921年，米カリフォルニア州に生まれ，1951年にハーバード大学で経済学で，Ph. D. を取得し，50年代後半から60年代にかけて，いくつかの主要な論文，著書を発表しています。

> Schelling, T. C. (1955) American foreign assistance. *World Politics*. July, 1955, Ⅶ: 609-25.
> Schelling, T. C. (1956) An essay on bargaining. *American Economic Review*. 46: 281-306.
> Schelling, T. C. (1958) The strategy of conflict: Prospectus for a reorientation of game theory. *Journal of Conflict Resolution*. Vol. Ⅱ.
> Schelling, T. C. (1960) *The Strategy of Conflict*. Harvard University Press（シェリング／河野勝監訳『紛争の戦略』勁草書房，2008）.
> Schelling, T. C. and M. H. Halperin (1961) *Strategy and Arms Control*. Tentieth Century Fund.
> Schelling, T. C. (1966) *Arms and Influence*. Yale University Press.
> Schelling, T. C. (1978) *Micromotives and Macrobehavior*. Harvard University Press.
> Schelling, T. C. (1984) Self-command in practice, in policy and in a theory of rational choice, *American Economic Review. Papers and Proceedings*. 74: 1-11.

昔，彼の *The Strategy of Conflict* (1960) を読んだとき，その第1頁の注に「ここでいう戦略とはゲーム理論でいう戦略のことで，

図表 8-1　シェリングによる利得表　　図表 8-2　双行列

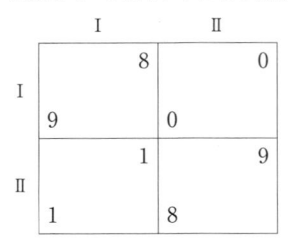

	Ⅰ	Ⅱ
Ⅰ	8 9	0 0
Ⅱ	1 1	9 8

$$A = \begin{bmatrix} (9,8) & (0,0) \\ (1,1) & (8,9) \end{bmatrix}$$

軍事用語ではない」と断っているのを見て，アメリカにも戦略という言葉にアレルギーをもつ人が多く，シェリングも苦労したんだなと，思わず苦笑しました。

　非協力 2 人ゲームの 2 人の利得を，図表 8-1 のように，1 つのマスの中に，左下にプレイヤー 1 の利得を，右上にプレイヤー 2 の利得を書く書き方を考えたのは彼でした。

　その後，図表 8-2 のように書かれるようになり，この形を双行列（bimatrix）と呼び，利得が双行列で表されるゲームを双行列ゲーム（bimatrix game）と呼ぶようになりましたが，いつしかそれも普通になり，双行列ゲームという言葉も使われなくなりました。

焦点

　彼は焦点（forcal point）という概念の提案者で，多くの状況においてプレイヤーの間には，互いに実現を期待する点があって，この点を焦点と呼び，プレイヤーはその点を実現する調整能力をもっているといっています。そして，非協力ゲームでも，そのような焦点が実現すると考えました。

　その調整能力は，プレイヤーの間のそれまでの歴史，プレイヤーのもつ経験，その場の社会心理のような外生的要素によって定まる

もので，均衡点選択の問題は，純粋に形式的な分析からでは解決できないと指摘しています。そして，さらに，心理学的実験の重要性を指摘し，実験心理学がゲーム理論に貢献できる領域であるといって，いくつかの実験から興味深い問題を提起しています。

シェリングのこの言葉は，数学的なゲーム理論家をかなり刺激したようで，例えば，ゼルテンは，部分ゲーム完全均衡などの完全均衡の概念を新たに定義し，均衡点選択の問題に，より内因的な要因から解答を与えることに努めるとともに，実験にも積極的に取り組むようになりました。

コミットメント（credible commitment）

シェリングの理論のキーワードは「コミットメント」ということにあります。コミットメントとは，他者に対する言質や一般的な公約などによって自分を拘束し，そこでいったことを実行することを意味します。

そして，ゲームをプレイする際にはcredible commitment（信頼できる約束，確約）をする能力があるかないかが重要な役割をもつことを指摘しました。それは，彼が取り組んだ核抑止の問題について，特に重要な要件であるといえます。

鈴木『社会を展望するゲーム理論』の第15章（271-279頁）には，シェリングのコミットメントの意味を，核抑止の問題について，私なりに整理して紹介しています。また，第9章の「計画の倫理」の節で述べる「責任性の倫理」に通じるものがあります。

分離と融合

もう一つの注目すべきシェリングの業績は，*Micromotives and Macrobehavior*（1978）における「分離と融合」についてで，そこ

では，人種，性別，年齢，所得を取り上げ，いかにして分離と融合が生じるかを考察しています。

クルーグマンは『自己組織化の経済学——経済秩序はいかに創発するか』(1996)（北村信行・妹尾美起訳，東洋経済新報社，1997）の中で，

> この本の第 1 章は，経済分析の何たるかについて，そして経済的意義づけの本質について，これまで書かれたもののなかで最も優れたものだとわたしは確信している。そして，分離と融合について書かれた 2 つの章は経済学における自己組織化の概念の素晴らしい紹介となっている。　　　　　　　　　　（同上書，29 頁）

と称賛し，シェリングの分離モデルを紹介しています。

さまよえる開拓者

ノーベル賞委員会によるシェリングの紹介の結びに，

> The "errant economist" (as Schelling has called himself) turned out to be a pre-eminent pathfinder.

とあります。

自ら errant economist（さまよえる経済学者）といっていたのは，当時の支配的な正統派の経済学の道を歩まず，遍歴を重ねる者という気持ちだったのでしょうか。それは，シェリングのみならず，多くの初期のゲーム理論家に共通する気持ちだったと思います。

私は，彼の 1950 年代から 60 年代にかけての業績から，シェリングは経済学者というよりは国際政治の専門家という印象をもっていました。

そして，45 年の歳月の後に，a pre-eminent pathfinder（秀でたる開拓者）と讃えられるようになったわけです。

8 コアの存在

譲渡可能効用をもたない提携形ゲームが，空でないコアをもつための必要十分条件は，ボンダレーバによって初めて明らかにされました。

> Bondareva, O. N. (1962) The theory of the core an n-person game, Vestinik Leningradskogo Universiteta, Mekanikii Astronomy, 3: 141-142 (竹内清訳，Econometric Reserch Program, 1968).

訳者の竹内清先生は，一橋大学出身で，当時は小樽商科大学助教授で，モルゲンシュテルンの研究所に留学していました。ロシア語に堪能で，統計学が専門で，のちに東北大学の教授になった方です。

> Bondareva, O. N. (1963) Certain applications of the method of linear programming to the theory of cooperative games, *Problemy Kibernet.* 10: 119-139.

ほかにも，ロシア語で書かれた彼女の論文のいくつかは英訳され，モルゲンシュテルンの研究所の資料として配付されました。

ボンダレーバ (Olga Bondareva, 1937-91) は，サンクト・ペテルブルク生まれの数学者ですが，交通事故により 1991 年 12 月 9 日に亡くなりました。

さらに，コアの存在は，シャプレーによっても証明されました。

> Schapley, L. S. (1967) On balaced sets and core. *Naval Research Logistics Quareterly.* 14: 453-460.

それで，このコアの存在定理は，ボンダレーバ=シャプレーの定理と呼ばれています。

シャプレーとシュウビックは，この定理を譲渡可能効用をもたないゲームに拡張し，譲渡可能効用をもたない市場ゲームは空でない

コアをもつことを証明しました。

> Shapley, L. S. and M. Shubik (1967) Owership and the production function. *Quaterly Journal of Economics*. 81: 88-111.

その後、コアは経済学における主要な概念として用いられるようになり、テルサーは、1972年に、コアを中心にした市場の理論について大著を出版しています。

> Teleser, L. G. (1972) *Competition, Collusion, and Game Theory*. Aldne Atherton.

副題には，

> An original, quantitatively-oriented analysis applying the theory of the core to define competition and collusion.

とあります。テルサーは、さらに、その後の研究もふまえて、

> Teleser, L. G. (1978) *Economic Theory and The core*. The Chicago University Press.

を出版しました。理論と応用について広範にわたる好著です。

9　情報不完備ゲーム

　ゲーム理論でゲームのルールというときには、いくつかの要素の組によって表現された形式をいいます。

　実際には同じゲームをしているつもりでも、実は違うゲームをプレイしているとか、同じゲームと思って、違うルールでプレイしているとか、そのときプレイしているゲームについて、プレイヤーの間に共通の認識がないことがしばしばあります。

　これからプレイしようとするゲームのルールについて、すべてのプレイヤーが十分に知っているというだけでなく、すべてのプレイ

ヤーが，ほかのすべてのプレイヤーもまた十分に知っているということも知っているとき，このゲームのルールは，プレイヤーの共通認識（common knowledge, 共有知識）であるといいます。

そして，ゲームのルールが共通認識となっているゲームを情報完備ゲームといい，共通認識になっていないゲームを情報不完備ゲームといいます。

情報不完備ゲームの研究は，ハルサニの考察から始まったということができます。共通認識をもたない相手に対しては，何らかの予見に基づく予測をしなければなりません。そのような予測に基づいて行動するプレイヤーをベイジアン・プレイヤーと呼び，そのときの均衡点をベイジアン均衡点と呼びます。

> Harsanyi, J. C. (1967) Games with incomplete information played by Bayesian players. Part Ⅰ, The basic model. *Management Science*. 14: 159-182.
> Harsanyi, J. C. (1968) 同，Part Ⅱ, Bayesian equilibrium points. 同，14: 320-334.
> Harsanyi, J. C. (1968) 同，Part Ⅲ, The basic probability distribution of the game. 同, 14: 486-502.

以後，情報不完備なゲームを取り扱うことが多くなり，ベイジアン均衡という概念も普通に使われるようになりました。

10 モルゲンシュテルンの65歳記念論文集

私がプリンストン大学に滞在したのは，1961年夏から64年の夏までですが，その頃，モルゲンシュテルンは，次のような著書と論文を発表しています。

> Morgenstern, O. (1963) *On the Accuracy of Economic Observations*.

Princeton University Press(モルゲンシュテルン／浜崎敬治・山下邦男・是永純弘訳『経済観測の科学——経済統計の正確性』法政大学出版局, 1968).

Morgenstern, O. (1963) Limits to the uses of mathematics. J. C. Charlesworth ed., *Mathematics and the Social Sciences*: 12-29.

Morgenstern, O. (1963) *Spieltheorie und Wirtschaftwissenschaft*(ゲーム理論と経済学). R. Oldenbourg, Wien.

モルゲンシュテルンは, 1967年に65歳を迎えましたが, それを記念して, シュウビックによる論文集

Shubik, M. ed. (1967) *Essays in Mathematical Economics, in Honor of Oskar Morgenstern*. Princeton University Press.

が刊行されました。モルゲンシュテルンの幅広い研究領域を反映して, この論文集は, 次の7つのパートからなっています(括弧内の数字は論文の数)。

1. ゲーム理論 (6)

   Aumann, R., A survey of cooperative games without side payment.

   Kuhn, H. W., On games of fair division.

   Davis, M. and M. Maschler: Existence of stable payoff configuration for cooperative games.

   Peleg, B., Existence theorem for bargaining set $M_1^{(i)}$.

   Shapley, L., On solutions that exclude one or more players.

   Shapley, L., and M. Shubik, Concepts and theories of pure competition.

2. 数理計画 (3)

   Thompson, G., Some approaches to the solution of large-scale combinatorial problem.

3. 決定理論 (4)

   Miyasawa, K., A Bayesian approach to team decision problems.

4. 経済理論 (5)

Baumol, W., The Ricardo effect in the point input-point output case.

Borch, K., The economics of uncertainty.

　ボーチ (Karl Henrik Borch) はノルウェーの経済学者で，私と同じ頃，モルゲンシュテルンの研究所にいました。次の著書があります。

Borch, K. (1968) *The Economics of Uncertainty*. Princeton University Press (ボーチ／福場庸・田畑吉雄訳『不確定性の経済学』日本生産性本部，1973)．

Menger, K., The role of uncertainty in economics (1934年の論文の英訳，本書17頁参照)。

Peston, M. H., Changing utility function.

Pfanzagl, J., Subjective probability derived from the Morgenstern-von Neumann utility concept.

5. 経営科学 (2)

Stern, D., Some notes on oligopoly theory and experiments.

Whitin, T., The role of economics in management science.

6. 国際貿易 (2)

7. 計量経済学 (5)

Afriat, S., The cost of living index.

Godfrey, M. D. and H. Karreman: Spectrum analysis of seasonal adjustment.

Granger, C. W., New techniques for analyzing economic time series and their place in econometrics.

Hatanaka, M., and M. Suzuki, A theory of the pseido-spectrum and its application to non-stationaly dynamic econometric model.

Mizitani, K., New Formulas for making price and quantity index numbers.

　寄稿者の一人グレンジャー (Clive Granger, 1934-2009) は，2003年に経済時系列分析の貢献により，ノーベル経済学賞を授賞してい

ます（本書第11章第5節235頁参照）。

畠中・鈴木の論文は，私のプリンストン大学留学中の研究でした。プリンストン時代の私の成果としては，このほかに，明治以来の日本経済の変動を分析した

> Suzuki, M. (1965) A Spectral analysis of Japanese economic time series since the 1880's. *Kyklos*. 18 (2): 227-258.

があります。

水谷一雄先生（神戸大学名誉教授）は，ウィーン時代からのモルゲンシュテルンの友人で，寄稿してくださいました。

11 安定集合の存在

フォン・ノイマンは「安定集合の存在定理が証明されさない限り安定集合の理論が確立したとはいえない」といっていましたが，その問題は，長い間，懸案になっていました。そしてようやく，1967年に，ルーカスが安定集合が存在しない10人ゲームを発見しました。

> Lucas, W. F. (1967) A counterexample in game theory. *Management Science*. 13: 766-767.
> Lucas, W. F. (1968) A game with no solution. *Bulletin of the American Mathematical Society*. 74: 237-239.

詳しくは，中山幹夫・船木由喜彦・武藤滋夫『協力ゲーム理論』（勁草書房，2008）を参照。

1970年には，オーウェンが4人定和ゲームのフォン・ノイマン＝モルゲンシュテルン解をすべて求めています。

> Owen, G. (1970) The four person constant-sum games, *Pacific*

Journal of Mathematics. 34 (2): 461-480.

次の問題は，一般のゲームで安定集合が存在するための必要十分条件ということになります。いつの日か，それが明らかになることを期待しています。

12　次の時代の基礎の確立

1968 年には，「共有地の悲劇」として広く知られるようになり，多くの公共問題への適用を生んだ生物学者ハーディン（Garrett Hardin, 1915-2003）の論文が発表されました。

    Hardin, G. R. (1968) The tragedy of the commons. *Science*. 162: 1243-1248.

こうして，1961 年のプリンストン大学でのコンファレンスを契機として，ゲーム理論は新しい発展段階に入ったということができます。ゼロ和 2 人ゲームの世界から大きく飛躍し，広い範囲にわたって成長をとげ，次の 1970 年代のゲーム理論の発展の基礎を築くことになりました。

そして，多くのゲーム理論家は，社会科学における基礎的な理論として，ゲーム理論の将来を確信するようになりました。

「高山に登りて遠く望むの歌」島崎藤村
　　高根に上りまなじりを
　　きはめて望み眺むれば
　　わがゆくさきの山河は
　　目にもほがらに見ゆるかな
　　『夏草』（明治31年）
　　『日本の詩歌・島崎藤村』（中央公論社，1967年，240頁）

第9章

発展と広がりの時期
1970年代

1 ゲーム理論の専門誌の発行

　1970年に，モルゲンシュテルンは，プリンストン大学を定年退職し，ニューヨーク大学に移りました。プリンストンの自宅から通っていて，プリンストンでは，彼が主催するシンクタンク，Mathematicaの事務所を根拠地にしていました。

　1971年に，モルゲンシュテルンが，社会学者のラザーズフェルト（Paul F. Lazarsfeld, 1901-76）とともに，ウィーンに創立した高等研究所を発行所として，ゲーム理論の専門誌

　　International Journal of Game Theory（通称IJGT）

が発刊されました。

　それまでは，ゲームの理論に関係する論文はさまざまな雑誌に発表されていて，そのすべてを手にすることは困難でしたが，この専門誌の発行によって，ゲーム理論家には，心の拠り所のようなものができました。

　創刊号の編集委員は次のメンバーでした。

> **Editorial Board**
> Robert J. Aumann   Hebrew University of Jerusalem
> Claude Berge   University of Paris
> Karl Borch   Norwegian School of Economics and Business
>   Administration
> John C. Harsanyi   University of California, Berleley
> William F. Lucas   Cornel University
> Michael Maschler   Hebrew University of Jerusalem
> Oskar Morgenstern   New York University
> Anatol Rapoport   University of Toronto
> Robert Reichart   University of Vienna
> Reinhard Selten   Free University of Berlin
> Lloyd S. Shapley   RAND Corporation
> Martin Shubik   Yale University
> Patrick Suppes   Stanford University
> Mitsuo Suzuki   Tokyo Institute of Technology
> Robert M. Thrall   Rice University, Houston
> N. N. Vorob'ev   Academy of Science, Leningrad
> **Managing Editor**
> Gerhard Schwödiauer   Institute for Advanced Studies, Vienna

 錚々たるメンバーの中に,私のような者が編集委員に加えられたのは,私への励ましと,日本でもゲーム理論が盛んになることを期待したモルゲンシュテルンの配慮によるものと思われます。
 第1巻第1号は,次のような内容でした。

> Morgenstern, O., Preface: 1.
> Owen, G., Optimal threat strategies of bimatrix games: 3-9.
> Shapley, L. S., Cores of convex games: 11-26.
> Artstern, Z., Values of games with denumerably many players: 27-37.
> Mertens, J. F. and S. Zamir, The value of two-person zero-sum

repeated games with lack of information on both sides: 39-64.

1972年に,モルゲンシュテルンは,当時の経済学者向けに,考察さるべき基本的問題を取り上げて論じています。

Morgenstern, O. (1972) Thirteen critical points in contemporary economic theory: An interptrtation. *The Journal of Economic Literature*. 10 (4): 1163-1189.

ここで述べられた問題は,現在でも考究さるべき問題です。

ゲーム理論のコンファレンスも多くの国で行われるようになり,1971年には,ソ連で開かれ,その議事録が公刊されています。ロシア語の論文集ですが,モルゲンシュテルンの報告は英語のまま掲載されていて,私にも彼から論文集が送られてきました。

Morgenstern, O. (1973) Strategic allocatin and integral games. E. Vikas ed., *Advances in Game Theory*: 96-99.

ここで,モルゲンシュテルンは,当時のゲーム理論が社会のいくつかの局面を個別に分けて考察しているのに対して,実際には,プレイヤーはいくつかのゲームの複合した状況において行動しているのであるから,そうした複合したゲームを考察することの必要性を強調しています。

2 ドイツでのワークショップ

1974年9月2日から17日まで,ゲーム理論ワークショップが,ドイツのビーレヘルト大学のゼルテンの主催で,バート・ザルツフレンという保養地で16日間にわたって開かれました。

International Workshop on Basic Problems of Game Theory Bad

Salzuflen, September 2 to 17, 1974.

残念ながらモルゲンシュテルンは病気中で出席できませんでしたが，当時のゲーム理論家はほとんど出席していて，ハンガリーなどの東欧の国々からも出席していました。中村健二郎君（当時，東京工業大学大学院生）と私も招待されて出席しました。

アブストラクトが事前に配布され，そこには，55の報告が掲載されていますが，このアブストラクトに掲載されていない報告も行われました。報告の多くは，その後，しかるべき雑誌に公刊されています。

例えば，次のようなものがあります。

> Aumann, R. J. Partially correlated equilibria.
> Harsanyi, J. The Tracing Procedure: A Bayesian approach to defining a solution for n-person non-cooperative games.
> Kalai E. and Smorodinsky, On a game theoretic notion of complexity.
> Marschak and Peleg, Pareto minimal sets as stable sets of bargaining sets.
> Megiddo, Composition of cooperative games.
> Peleg, The extended bargaining set.
> Rosenthal, R. Cores and Lindal equilibria in economies with public goods.
> Shapley, L. S. On the possibility of an ordinal value for n-person games.
> Shapley L. S. and M. Shubik, Non-cooperative general exchange.
> Shubik, M. Games, market games, the core and the value.
> Shubik, M. Expermental games, biddng, low communication and non-cooperative behavior
> Shubik, M. The theory of money and financial institutions.
> Szép, J. Equilibrium systems.
> Weber, S. Bargaining solutions and stationaly sets for n-person

games.

それぞれの報告に対して，活発な議論が交わされ，これからの発展を示すようなものでした。

このワークショップには，東欧の国々からも数人出席していて，ハンガリーのブタペストにあるカール・マルクス経済大学の教授のスゼプ（J. Szép）は，私が報告した費用分担に関心をもってくれて，彼の著書

⬆ ワークショップに参加した研究者たち（1974年9月，バート・ザルツフレン，鈴木写す）

    Szép, J. and F. Forgó (1985) *Introduction to the Theory of Games*. D. Reidel.

に丁寧に紹介してくれました。

イギリスからは一人も来ていないので，不思議に思った私は，どうしてか，と誰かに聞いたところ，イギリスは権威者に対して偶像崇拝だから，という答えが返ってきました。この頃は，まだヒックスのゲーム理論批判が，イギリスではまかり通っていたのでした。

3 ハルサニの功利主義的倫理

ハルサニは，前記の報告のほかに，ロールズ（John Rawls, 1921-2002）の正義論

    Rawls, J. (1971, 1995) *A Theory of Justice*. Harvard University Press.

を批判する報告をし,翌年

> Harsanyi, J. (1975) Can the maxmin priciple serve as a basis for morality?: A critique of John Rawls' theory. *American Political Science Review*. 69: 594-606.

として発表されました。

ロールズの正義論はミニマックス原理などゲーム理論の影響から生まれたものでしたから,ゲーム理論の専門家であるハルサニのロールズ批判は決定的なものでした。

なお,ロールズの公正原理については,

> 鈴木光男 (1975)『計画の倫理』東洋経済新報社。

の「第6章 公正のゲーム理論と仁」の中で,ロールズと仁とを関連づけて論じています。

また,その全体像については,

> 渡辺幹雄 (1998)『ロールズ正義論の行方――その全体系の批判的考察』春秋社。

に詳しく,ハルサニのロールズ批判についてもくわしく述べています。

ハルサニの学問の出発点は哲学にありましたので,彼のゲーム理論の基礎には,いつも彼自身の哲学がありました。彼の功利主義的倫理については,次の著書で述べられています。

> Harsanyi, J. C. (1976) *Essays on Ethics, Social Behavior, and Scientific Explanation*. D. Reidel.
> Harsanyi, J. C. (1977) *Rational Behavior and Bargaining Equilibrium in Games and Social Situations*. Cambridge University Press.

4 ゼルテンの均衡点の再考察

このワークワークショップでゼルテンは2つの報告をしましたが,それは,のちに,

> Selten, R. (1975) Reexamination of the perfectness concept for equilibrium points in extensive games. *International Journal of Game Theory*. 4 (1): 25-55.
> Selten, R. (1978) The chain store paradox. *Theory and Decisions*. 9: 127-159.

として発表されました。

それを契機に,不完全均衡点についての多くの考察を生み,非協力ゲームの均衡点の精緻化など,非協力ゲームの理論の研究が急激に進展し,

> Rosenthal, R. (1981) Games of perfect information, predatory pricing and the chain-store paradox. *Journal of Economic Theory*. 22: 92-100.
> Kreps, D. and R. Wilson (1982) Sequential Equilibria. *Econometrica*, 50: 863-894.

など,多くの展開が見られました。

ゼルテンの完全均衡の概念は必ずしも理解しやすい概念ではありませんが,部分ゲーム完全均衡は,学部の学生でも理解できるわかりやすい概念ですから,部分ゲーム完全均衡点を用いることによって,非協力ゲームの理論の現実問題への適用が広範に進められるようになりました。

5 The Nakamura Number

わが国で，社会的選択の理論をゲーム理論によって表現し，本格的に研究したのは中村健二郎君が最初であるといってよいと思います。彼の成果は「中村の定理」として知られていますが，それは社会的選択関数が存在する必要十分条件は，(1)拒否権をもつプレイヤーが一人存在するか，(2)選択対象の要素の数がある自然数未満であるか，のどちらか一つの条件が成立している，ということです。

中村は，この問題をバート・ザルツフレンで，次のようなタイトルで報告し，

    Nakamura, K. A note of a simple game with ordinal preference.

さらに，1978年に，アメリカでのゲーム理論のシンポジウムに出席し，その改訂版を報告しました。それらの報告は，次の論文として発表されています。

  Nakamura, K. (1975) The core of a simple game with ordinal preferences. *International Journal of Game Theory.* 4 (2): 95-104.

  Nakamura, K. (1978) Necessary and sufficient conditions on the existence of a class of social choice functions『理論経済学』29 (3): 259-267.

  Nakamura, K. (1979) The vetoers in a simple game with ordinal preferences. *International Journal of Game Theory.* 8 (1): 55-61.

ここで，中村は，単純ゲームにおけるコアが空でないための必要十分条件を導くkey numberを定義しました。ペレグは中村の報告を高く評価し，この数を「中村ナンバー」と名づけ，歴史に残ることになりました。

  Peleg, B. (1978) Representaton of simple games by social choice functions. *International Journal of Game Theory.* 7 (2): 81-94.

中村健二郎君は，1979年3月29日に亡くなりました。享年32でした。彼の遺稿は，

 Suzuki, M. ed. (1981) *Game Theory and Social Choice* (ゲーム理論と社会選択). Keiso Shuppan Service Centre.

として出版され，諸外国の多くのゲーム理論家に送りましたが，多数の方から，その死を悼む便りがよせられました。

中村ナンバーには，その後，いくつかの紹介と研究があります。例えば，

 Rouch, F. W. (1982) Retrospective survey, Kengiro Nakamura. *Mathematical Social Sciene.* 3 (4): 359-362.

 Deb, R., S. Weber, and E. Winter, (1996) The Nakamura theorem for coalition structures of quota games. *International Journal of Game Theory.* 25 (2): 189-198.

わが国では，大谷和先生が，その著

 大谷和 (1996)『アロウの一般不可能定理の分析と批判』時潮社。

の「第7章 アロウの定理とゲーム理論」で，中村の定理ついて，詳しく述べています。

また，三原麗珠先生は，中村ナンバーに関連して，

 Mihara, H. R. (2000) Coalitionally strategy prooffunction dependently on the most-preferred alternatives. *Socal Choice Welfare.* 17: 393-402.

という研究を行っています。

大谷先生も三原先生も，アメリカの大学に留学中に，中村ナンバーが重要な項目として講義されていたのを聴講されたそうです。

また，中村ナンバーについては，下村研一先生の次のような紹介 (2002) があります。

筆者が大学院生として米国に留学した3年目，1992年に，政治学科に取りに行った科目「ポジティブ・ポリティカル・セオリー」の時間に The Nakamura Number という数について講義された。中村はこの数を用い投票ゲームのコアが存在するための必要十分条件を発見し証明している。欧米の有名大学の政治学科の大学院には，この「ポジティブ・ポリティカル・セオリー」あるいは「フォーマル・ポリティカル・セオリー」という名の授業が開講されているが，The Nakamura Number は必ず講義される。良く知られている教科書 Austen-Smith, D. and Banks, J. S., (1999) Positive Political Theeory 1, Collective Preference. The University of Michigan Press. にも大きく出ている。

（下村研一「価格理論とゲーム理論の『独身時代』」『経済セミナー』2002年3月号，15-16頁）

6 費用分担問題

バート・ザルツフレンでは，私は，現実のデータを用いて考察した中山幹夫君との共同論文

「神奈川県の水資源共同開発の費用分担」

について報告し，それは，のちに，

Suzuki M. and Nakayama M. (1976) The cost assignment of the cooperative water resource development: A game theoretical analysis. *Management Science.* 22 (10): 1081-1986.

として発表されました。

その内容は鈴木『新ゲーム理論』（勁草書房，1994）に詳しく述べましたので，読んでいただければ嬉しいです。

1977年に，

> Littlechild, S. C. and G. F. Thompson (1977) Aircraft landing fees: A game theory approach. *Bell Journal of Economics*. 8: 186-204.

が発表され，80年代には，

> Young, H. P. ed. (1985) *Cost Allocatin : Methods, Principles, Applications*. North-Holland.
>
> Young, H. P. ed. (1985) *Fair Allocation : American Mathematical Society*. Providence.

などが刊行され，ゲーム理論が，費用分担問題の有力な方法を与えるものとして認識されるようになり，広く用いられるようになりました。

7 ハルサニの想い出

　ハルサニは，1920年5月29日に，ハンガリーのブタペストで生まれ，フォン・ノイマンと同じルーテル・ギムナジウムを卒業しています。1937年にブタペスト大学に入学しましたが，44年にナチがハンガリーを占領したときには，修道院に身を隠していました。

　戦後は，一度ブタペストに戻り，ブタペスト大学で哲学を学び，社会学研究所に勤めていましたが，ハンガリーが共産主義の国になったので，1950年に，オーストリア経由で脱出して，オーストラリアに移住し，53年にシドニー大学で経済学を学び，修士号をとりました。

　彼はオーストラリアにあって，独自の研究を進めていて，かなり早い時期にいくつかの論文を発表しています。これらはフォン・ノイマン＝モルゲンシュテルンによる効用理論に基づいて経済厚生や倫理の問題を考察したものです。

ハルサニは，1956年にロックフェラー基金によるフェローとして，アメリカのスタンフォード大学に留学しました。その時すでに，ハルサニは，第7章第8節で述べた Harsanyi (1953), Harsanyi (1955), Harsanyi (1956) を発表していましたので，入学試問の際に，教授のアローが，「君のようなすでに立派な業績のある人に教えることはもうない」と言ったそうです。

1957年には，イェール大学の Cowles Fundation の研究員となり，59年に，スタンフォード大学から Ph.D. を授与されました。その年に発表したのが Harsanyi (1959) で，それ以後の彼のバーゲニングの理論の基礎をなしています。1964年にカリフォルニア大学バークレー校の訪問教授となり，65年に正教授になりました。

彼の業績は，基数的効用の問題，協力ゲームの解の理論，バーゲニングの理論，非協力ゲームの理論，ゼルテンとの共同研究によるただ一つの均衡点の選択，情報不完備ゲームについてのベイジアン・ゲーム，道徳哲学および科学哲学など，広い分野にわたっています。

彼は，ゲーム理論を基礎に，かつて学んだ哲学を再構築して，独自の道徳哲学，科学哲学を築くことを念願にしていて，晩年になっても，それを完成させたいと願っていたそうです。

私は，ハルサニとは1974年のバート・ザルツフレンでのワークショップで，初めてお話しすることができました。そのとき，ハルサニがロールズの道徳哲学を批判する話をした後で，私は仁を用いた費用分担の話をし，その中で，私は仁がロールズの原理と共通するところがあることを話しましたが，ハルサニは興味をもって聞いてくれました。

印象に残っているのは，楽しく議論をしていて，それが一段落したときに，ふと見せる彼の厳しい表情です。その場の雰囲気とはま

ったく違う表情で,どこか心の深いところで,ハンガリー時代の苦難を嚙み締めているような印象でした。

彼の思想の基礎に,ハンガリーでの苦難に満ちた体験が深く根を下ろしていることがうかがわれます。

1982年に,それまでの論文をまとめた著書,

　　　Harsanyi, J. C. (1982) *Papers in Game Theory*. D. Reidel.

が刊行されています。ここには,彼の12編の論文が,次の4つの部門に分類されて掲載されています。

　　　　　部門A　バーゲニング・モデル
　　　　　部門B　均衡点の性質
　　　　　部門C　確率モデル
　　　　　部門D　協力ゲームのための非協力モデル

そして,1988年には,後に述べるゼルテンとの共著

　　　Harsanyi J. C. and R. Selten (1988) *A General Theory of Equlibrium Selection in Games*. MIT Press.

が出版されました。

ハルサニは,1983年8月に大阪で開かれた経営科学コロキウムに招かれて,奥さんと息子さんと一緒に来日し,「最近のゲーム理論の発展」と題して,その当時の彼の考えを総括するような講演をしてくれました。

ハルサニは1990年にカリフォルニア大学を退職しましたが,1994年にノーベル経済学賞を受賞し,98年には,その記念論文集が刊行されています。

　　　Leinfellner, W. and E. Köhler eds. (1998) *Game Theory, Experience, Rational Foundations of Social Sciences, Economics and Ethics in Honor of John C. Harsanyi*. Kluwer Academic Press.

そして、その2年後の2000年8月9日に80歳で亡くなりました。

8 ゼルテンの想い出

ゼルテン（Reinhard Selten, 1930-）は、1930年10月5日に、ドイツの本屋の息子として生まれ、フランクフルト・アム・マインのJohan Wolfgang Geothe Universityの数学科に入学しました。

その頃、雑誌 *Fortune* の1952年12月号に掲載されたMacDonaldの記事を読んで、ゲーム理論に興味をもち、バーガー（Burger）教授が経済学部の学生のために開いたゲーム理論の講義を聴き、彼のゼミに出席しました。

バーガーは大変よい教師で、1958年にゲーム理論のテキストを書いています。ゼルテンは彼の指導のもとで修士論文を書き、修士修了後は、経済学部のザウエルマン（Heinz Sauerman）教授の指導を受け、そこでは経済学における実験という新しい仕事に取り組み、1960年にPh.Dをとりました。博士論文は後に「戦略形のn人ゲームの値」として *Advanes in Game Theory* (1963)に発表されています。

彼は、この頃から政治学や心理学にも興味をもっていて、これらの分野についても経済学的思考で考えていたそうです。

1967年から68年にかけて、カリフォルニア大学バークレー校のビジネス・スクールに滞在し、ハルサニとは、それ以来、長い間にわたって共同研究を続けてきました。その後、ベルリン自由大学を経て、1973年に、ビーレフェルト大学の経済学部の教授に就任し、次のような論文を書いています。

> Selten, R. (1973) A simple model of imperfect competition, where 4 are few and 6 are many. *International Journal of Game Theory.* 2 (3): 141-201.

その翌年の1974年に，バート・ザルツフレンでのワークショップがあったわけです。

その後，1984年に，ボン大学に移りました。

ハルサニとの共同研究は，先に挙げた情報不完備ゲームの後，情報完備ゲームと情報不完備ゲームの双方に妥当する，すべての非協力ゲームに適用可能なより一般的な解を求めることになり，その成果は，

> Harsanyi, J. C. and R. Selten (1988) *A General Theory of Equlibrium Selection in Games.* MIT Press.

として出版されました。

ここで，彼らは，ナッシュ均衡点は，一般には，ただ一つの戦略の組とは限りませんので，多様なナッシュ均衡点の中からただ一つの均衡点を選択する一つの一貫した理論を作りました。そして，それと同時に，協力ゲームを非協力交渉ゲームとして再構成することによって，彼らの理論を協力ゲームにも適用し，そうすることによって，個別に発展してきた協力ゲームの理論と非協力ゲームの理論とを統一しようと考えました。それはさらには，情報不完備なゲームにも適用できるようなものを考えていました。

同書の出版は，ゲーム理論に関心をもつ者にとって待望久しかったものでした。私は discussion paper として配付されていた頃から，ゼミで学生諸君と一緒に読んでいましたので，それが出版されたときには，その成功を心から祝福したものでした。

一意の均衡点を求めることによって非協力ゲームから協力ゲームの全体にわたる統一的な理論を構築しようとする，この一貫した作

業に，2人の著者の背景をなしている中央ヨーロッパの精神のある一つの面をみる思いがします。

　この本では，彼らの理論の具体的な問題への適用についても考察しています。これは，「ゲーム理論の概念の妥当性は抽象的な理論的な考察だけで判断することはできず，どのような応用が可能かということで判断しなければならない」という彼らの意見の反映ということができます。

　この記念碑的な業績は，いろいろな問題点もあって批判的なゲーム理論家もいますが，経済学や政治学への応用においてばかりではなく，哲学や倫理学や論理学などの基礎を考える上で重要な意味をもつのではないかと思います。

　必ずしも読むのに容易ではなく，ゲーム理論の専門家の関心も，次第にその問題から移っていったので，今ではあまり読まれないようですが，彼らの論調の基礎に流れているものは，いつの日か再考察される日がくるのではないかと思います。

　ゼルテンは，現実とよりいっそう深く取り組むためには，具体的な実験の必要性を重視していて，部分ゲーム完全均衡の概念も実験の中からヒントを得たといっています。実験を重要視する態度は，彼の先生のザウエルマン教授の影響だそうです。

　ゼルテンの提案で，*International Journal of Game Theory* には，Games and Experiments という部門を設けて実験に関する論文を掲載するようになりました。

　私は1974年のワークショップでゼルテンと出会い，それ以後親しくなり，1982年の夏にも，彼のところに2ヵ月程滞在しました。ビーレフェルト大学には，学際研究センター（Zentrum Für Interdisziplinäre Förschung, 通称 ZiF）というのがあって，立派な宿泊施設がついていて，そこに部屋をもらって暮らしました。

彼はエスペラントを話し，エスペラント運動のメンバーにもなっています。言語一般に興味をもっていて，私が滞在していたときにセミナーを開いてくれて，いくつかの言葉の間の関係を非協力ゲームと考えて，その均衡について話してくれました。
　ゼルテンは，その頃は生物学の研究もしていて，生物学の研究者でまだ若かったハーマーシュタイン（Hammerstein）なども一緒にいて，私は，彼とハイネやリルケの話などをしていました。ハイネの「たがいに惚れていたけれど」という詩に「非協力非対称ゲームの永遠の完全均衡点」というタイトルをつけて，彼やゼルテンに見せたら，喜んでいました。私の『新ゲーム理論』104頁に，ドイツ語と日本語訳とを並べて掲載しましたので見てください。

⬆ ゼルテン（右）と筆者（1982年，ドイツ）。

　建物の後ろは中部ドイツの深い森で，ゼルテンや彼の学生などと森の中を散歩したり，ゼルテンに近郊の古い町や史跡を案内してもらったりして楽しく過ごしました．
　ゼルテンは，1998年7月，京都大学経済研究所の今井晴雄先生と岡田章先生（現・一橋大学）の努力によってゲーム理論と環境問題における国際協力に関するシンポジウムが開かれたのを機会に，奥さんと一緒に来日し，京都大学で一般向けの講演をし，シンポジウムでは，

Features of experimentally observed bounded rationality.
という話をしてくれました。実験によって限定合理性を考えることは，ゼルテンが積極的に関与していた分野ですから，彼から直接その話を聞くことができたのは大変有意義でした。

現在はボン大学の名誉教授として，ゲーム理論のみならず，エスペラント運動にも活躍しています。その後も，日本にはたびたび来ています。

9 政治学への適用

政治学でも，ゲーム理論の重要性は，早くから認識されていましたが，わが国で，初期に紹介されたものとしては，

> Charlesworth, J. C. ed. (1967) *Contemporary Political Analysis*. Free Press（チャールスワース編／田中靖政・武者小路公秀編訳『現代政治分析』Ⅰ・Ⅱ・Ⅲ，岩波書店，1971）.

という本があり，この中の第Ⅱ巻に，次の2つのゲーム理論関係の論文が収められています。

> シェリング／関寛治訳「ゲーム理論とは何か」67-107 頁。
> シュウビック／鈴木光男訳「ゲーム理論の用途」109-174 頁。

2つの論文とも，当時の政治学の分野では，まだゲーム理論についてよく知られていなかったときで，その人たちの説得のために書いたと思われるものです。

ニューヨーク大学の政治学の教授のブラムス（Steven John Brams, 1940-）にも，ゲーム理論に関係深いいくつかの著書があります。

> Brams, S. J. (1975) *Game Theory and Politics*. The Free Press.

これは，国際関係や投票の理論を中心とするものです。

Brams, S. J. (1976) *Paradoxes in Politics: An Introduction to the Non-obvious in Political Science* The Free Press.

政治におけるさまざまなパラドックスについて述べたもので，次の章からなっています。

 1. The paradox of second best.
 2. The paradox of voting.
 3. Two election paradoxes.
 4. The paradox of cooperation.
 5. The paradox of inducement.
 6. The Alabama paradox.
 7. Three paradox of power.
 8. A paradox of prediction.

Brams, S. J. (1994) *Theory of Moves*. Cambridge University Press.
Brams, S. J. (1980, 2003) *Biblical Games: Game Theory and The Hebrew Bible*. MIT Press（ブラムス／川越敏司訳『旧約聖書のゲーム理論――ゲーム・プレーヤーとしての神』東洋経済新報社，2006）。
Brams, S. J. and A. D. Taylor (1999) *The Win-Win Solution: Guaranteeing Fair Shares to Everybody*. W. W. Norton（ブラムス゠テイラー／宍戸栄徳監修・宍戸律子訳『公平分割の法則――誰もが満足する究極の交渉法』TBSブリタニカ，2000）.

いずれも，政治学者らしい，数学者や経済学者とは違った味わいがあり，2つの訳書も興味深いものです。

また，議会政治における提携について考察したものに，

Dodd, L. C. (1976) *Coalitions in Parliamentary Government*. Princeton University Press.

があります。

1977年には，「ゲーム理論と政治学」というシンポジウムが，ア

メリカのマサチューセッツで開かれ，その成果は，

> Ordeshook, P. C. ed. (1978) *Game Theory and Political Science*. New York University Press.

として刊行されました。26人が寄稿していて，627頁にわたる大著です。次の4つの部門からなっています。

1. 記述的理論

    競争的提携理論，非協力ゲームの解とその協力ゲームに対する意味，拘束的コミットメントのある協力ゲームのモデル，動学的ゲームの理論，立法ける意思決定の理論，離散的分割関数形ゲーム。

2. 実験

    委員会の実験ならびに理論的研究，3人多数決ルールの委員会おけるクローズド・ルールの影響についての協力ゲームモデルの理論と実験，公共的選択のための実験メカニズム。

3. 応用

    地域投票ゲームにおける平均値と中位値，選挙の均衡の存在，戦術的ロビー・ゲーム，提携形成と政策距離と手付けをもたないゲームの理論。

4. 価値理論と応用

    Banzhaf-Coleman Index，パワーと位置，パワー指標の確率モデル，非協力ゲームの解しての仁，代表民主主義におけるパワーと満足度，社会的正義の新理論。

このコンファレンスには，ハルサニ，ルーカス，ロス，シュウビックなど，本来のゲーム理論家も多数参加していますが，編者は，もはや政治学者は，ゲーム理論の消費者ではなく，創造に携わるものであると主張しています。

1979年には，ニューヨークで行われた「紛争についてのコンファレンス」の報告をまとめた次の論文集が出版されています。

> Shubik, M. ed. (1983) *Mathematics of Conflict*. North-Holland.

この論文集は6つの報告からなり，国際紛争についての報告が主

ですが，シュウビックの The language of strategy というような論文もあって，非協力ゲームの理論による具体的な問題の考察として興味深いものがあります。

10 繰り返しゲーム

よく知られているように囚人のジレンマ型ゲームのナッシュ均衡点は（非協力，非協力）という戦略の組み合わせで，その利得の組はパレート最適ではありません。

囚人のジレンマ型ゲームが紹介された当初から，このゲームの実験が，ランド研究所そのほかで，しばしば行われてきました。第7章第3節で紹介した Kalisch, Milnor, Nash, and Nering (1954) の実験は，その初期のものです。多くの実験の結果は，ナッシュ均衡点ではなく，協力的行動がとられて，パレート最適の組が実現するというものでした。

実験の結果がナッシュ均衡点でないのは，実験が同じ2人のプレイヤーの繰り返しによって行われるからで，それは1回限りのゲームとは違う状況であるという認識から，繰り返しゲームの研究が生まれました。

1950年代の末には，囚人のジレンマ型ゲームでも，無限回繰り返すことによってパレート最適な均衡利得を実現することが知られてきました。最初に誰が証明したのかわからないので，現在は「フォーク定理，民間伝承定理」と呼ばれています。

1960年代には，米ソ間の軍縮交渉が継続的に行われていました。当時のアメリカ政府の関係機関が，ゲーム理論などの意思決定理論を学ぶ必要を感じて，モルゲンシュテルンが関係していたシンクタ

ンク Mathematica に研究を委託してきました。

そして,モルゲンシュテルンによって,クーン,オーマン,マッシラー,スターンズ,ハルサニ,ゼルテン,デブリュー,スカーフ,メイベリなど,錚々たるメンバーによる研究会が組織され,1966年から68年にかけて,上記のメンバーがプリンストンやワシンンD.C. に集まって精力的に研究が行われました。

そして,軍縮交渉を考える際に必要な基本的な方法として繰り返しゲームの理論の重要性が認識され,研究会では,繰り返しゲームの研究が盛んに行われました。

1960年代の初期の繰り返しゲームの研究は主に情報完備ゲームでしたが,ハルサニが情報不完備ゲームについての基礎的なアイデアを提示したことよって,そのアイデアのもとでの繰り返しゲームの研究が始められました。

この研究会の成果の一部が,オーマン,マッシラー,スターンズなどによって,1966年から68年にかけて報告され,それが情報不完備な繰り返しゲームの理論の基礎となっています。この研究の報告は,かなり後になって,新しい考察も追加されて,

> Aumann, A. and M. Maschler with the Collaboration of R. E. Stearns (1995) *Repeated Games with Incomplete Information*. MIT Press.

に収められています。

モルゲンシュテルンは1977年に亡くなっていますので,この本はモルゲンシュテルンに捧げられています。

その後,繰り返しゲームの研究は,理論的にも実験的にも,さまざまな形で発展していきました。繰り返しゲームのサーベイとしては,ノーベル賞委員会も参考文献に挙げている神取道宏先生の

> Kandori, M. (2002) Introduction to repeated games with private monitoring. *Journal of Economic Theory*. 27: 45-252.

がありますので，参照してください．

11 オーマンの思い出

オーマンは 2005 年度のノーベル経済学賞を，シェリングとともに受賞しました．オーマンの業績は多方面にわたりますが，受賞の理由がコンフリクト的状態から長期的な相互依存関係における協力的状態への移行の分析ということにありますので，受賞の対象になったのは，主に繰り返しゲームについての業績のようです．

彼は，そのほかにも，協力ゲームにおける交渉集合，一般均衡システムにおける競争均衡の解の存在，相関均衡，そして，さらに，

  Aumann, R. J. (1976) Agreeing to disagree. *Annals of Statistics.* 4: 1236-1239.

という論文から始まる共通認識（共通知識）の問題，ゲームに解が存在するための認識論的条件など，ゲーム理論の基礎に関する研究があります．

オーマンの業績は，特定の問題を考察したというよりは，経済，社会，政治などの広い分野における問題に，ゲーム理論を適用する基礎を確立したというのが適切ではないかと思います．

オーマンには，彼の講義のノートをまとめた入門書，

  Aumann, R. J. (1989) *Lectures on Game Theory.* Westview Press（オーマン／丸山徹・立石寛訳『ゲーム論の基礎』勁草書房，1991）．

があります．

生い立ちと経歴

オーマンは，1930 年 6 月 8 日，ドイツのフランクフルトで生ま

れましたが，38年，オーマン一家は，ナチの脅威から逃れて，ニューヨークに移住しました。

そして，ニューヨーク州立大学数学科を卒業し，1955年にマサチューセッツ工科大学で数学でPh. D.を取得し，そして，イスラエルに住むことを希望し，56年にイスラエルのヘブライ大学に赴任しました。

1960年から61年のプリンストン大学でのコンファレンスの終了までの間，モルゲンシュテルンの研究所にリサーチ・アソシエイトとして滞在し，1962年の夏にもプリンストンに来ていました。その間，私も同じ研究所にいましたので，彼が元気な大きな声でマッシラーと議論しているのを聞いていました。イスラエルの言葉なので，何を話しているのかはわかりませんでしたが。

彼は敬虔なユダヤ教徒で，彼の思想の根源には，ユダヤ教の教えがあり，それが，彼のゲーム理論についての発想の基礎にあるように思われます。

彼のほかにも，初期のゲーム理論家はほとんどユダヤ人であるといってもよいほど，多数のユダヤ系のゲーム理論家がいます。私もユダヤ教に関心をもつようになり，ユダヤ教の教典であるタルムードの解説書を読んだりしていました。

彼の息子さんは，イスラエルとアラブの紛争で亡くなりました。イスラエルのある機関から，私宛に，アラブとの紛争について，イスラエルの立場を支持してほしい，という内容の手紙がきたことがあります。おそらくオーマンが私をその機関に紹介したのだと思います。私は，そこに，オーマンのイスラエルという国に対する深い思いを感じました。

12 モルゲンシュテルンの75歳記念論文集

1977年1月24日に,モルゲンシュテルンは75歳になり,それを記念する論文集が刊行されました.

> Henn, R. and O. Moeschlin eds. (1977) *Mathematical Economics and Game Theory: Essays in Honor of Oskar Morgenstern.* Springer-Verlag.

編者のHennはカールスルーエ大学の教授で,Moeschlinはハーゲン大学の教授です.

論文集は次のパートからなっています(括弧内の数字は論文数).

> 序　モルゲンシュテルンの科学的業績
> 1. ゲーム理論　(13)
> 2. 効用理論と関連話題　(6)
> 3. 経済モデル　(5)
> 4. 経済理論　(10)
> 5. 計量経済学と統計学　(8)
> 6. その他の話題　(6)
>   　補遺　(4)
>   　付　モルゲンシュテルンの業績一覧

非常に広範囲にわたる論文集で,モルゲンシュテルンの学問の広さと人脈の広さを示しています.付には,彼の著書,論文,スピーチなど,301個のタイトルが収められています.

13 Applied Game Theory

ゲーム理論の第3段階を示すものとして, 1978年には,ウィーン,

ボン，イサカで，ゲーム理論のコンファレンスが開かれました。

ウィーンの高等研究所でのコンファレンスは，1978年6月13日から16日まで開かれ，ゲーム理論の現実の問題への適用が主な話題で，その報告が，

> Brams, S. J., A. Schotter, and G. Schwödiauer, eds. (1979) *Applied Game Theory*. Physica-Verlag.

として刊行されました。以下の4つのパートからなっています（括弧内の数字は論文数）。

> 1. 勢力分析　(5)
> 2. 政治学におけるモデルと分析　(5)
> 3. 経済学におけるモデルと分析　(13)
> 4. 制御と対立のモデル　(5)

このコンファレンスには，日本から浜田宏一先生（当時，東京大学助教授）が参加していて，次の報告をしています。

> Hamada, K., A Game-Theoretic approach to international monetary confrontations. 同書: 285-302.

この論文は，のちにより拡張されて，

> 浜田宏一 (1982)『国際金融の政治経済学』創文社。

として発表されました。先生は「第一章　序説」で，

> 本書は，国際金融の分野におけるルールと経済活動の関係を経済学的な手法によって分析しようとする試みである（同上書，7頁）

とし，そして，

> ゲームの理論に基づいて国際通貨問題におけるルールと経済政策との関係，いいかえればルールの形成とルールの下における経済政策の国際的相互依存関係を分析しようとすると，国際通貨問題は二段階のゲーム的状況，つまり二つの層を持ったゲーム的状況として捉えることができる。

第一段階のゲーム的状況は，ある国際通貨制度に合意すること，あるいは国際通貨制度の改革に各国が合意する状況である。すなわち，以下でのポリシー・ゲームのルール自身を選択するゲームである。

第二段階のゲームは一定の国際通貨制度が与えられた下で，すなわち，一定のルールが与えられた後での経済政策のゲーム，すなわちポリシー・ゲームである。　　　　　　　（同上書，7-8頁）

と述べ，ジレンマ・ゲームや微分ゲームなど，ゲーム理論の基礎的な概念を用いて分析しています。当時としては，わが国におけるゲーム理論の数少ない理解者の一人でした。

14　モルゲンシュテルン追悼シンポジウム

モルゲンシュテルンは，記念論文集刊行後の1977年7月26日，享年75で亡くなりました。私がモルゲンシュテルンに最後に会ったのは，その年の春の頃，夫人や友達と一緒に日本を訪問した際でした。そのときはすでにガンに侵されていましたが，明るく世界旅行を楽しんでいました。

マンハイム大学でのシンポジウム

モルゲンシュテルンは，1957年にマンハイム大学の名誉博士号を授与されていましたので，彼の死を悼んで1979年に，マンハイム大学で，追悼のシンポジウムが開かれました。

その時の報告が，

> Böhm, V. and H. H. Nachtkamp eds. (1981) *Essays in Game Theory and Mathematical Economics in Honor of Osker Morgenstern*. Wis-

senschaftsverlag. Bibiographishes Institut, Mannheim, Wien/Zurich.

として刊行され，例えば，次のような論文が掲載されています。

 Aumaun, R. J., Survey of repeated games.
 Harsany, J. C., The Schaply value and the risk-dominance solutions of two bargaining models for characteristic function games.
 Hildenbrand, W., Short-run production function based on microdata.
 Roenmuller, J., Values of non-sidepayment games and their application in the theory of public goods.
 Shubik, M., Perfect or robust noncooperative equilibrium: A search for the philosopher' Stone?
 Thompson, G. L., Auctions and market games.

ウィーン高等研究所での追悼シンポジウム

モルゲンシュテルンは，その死まで，ウィーン高等研究所のいくつかの役職を務めていましたので，ウィーンでも，追悼シンポジウムが1980年5月に開かれ，モルゲンシュテルンが最も関心の深かった3つのトピックスについて行われ，次の論文集が刊行されました（括弧内の数字は論文数）。

 Deistler, M., E. Furst and G. Schwödiauer eds. (1982) *Games, Economic Dynamics, and Time Series Analysis*. Physica-Verlag.
  1. 経済分析の用具としてのゲーム理論　(9)
  2. 拡張および収縮経済　(8)
  3. 経済時系列分析　(8)

モルゲンシュテルンの死後，彼の蔵書は，千葉商科大学（千葉県市川市）とアメリカ合衆国のデューク大学に収められていて，日記

や手紙などをはじめ，ゲーム理論に関係深い資料はデューク大学に所蔵されています。

15 1970年代のゲーム理論

1970年代になってからは，ゲーム理論も多くの国で認められるようになり，多数の著書や論文が発表されるようになりました。
　例えば，次のようなものがあります。

　　Aumann, R. J. and L. S. Shapley (1974) *Value of Nonatomic Games*. Princeton University Press.

　　Kalai, E. and M. Smorodinsky (1975) Other solutions to Nash's bargaing problem. *Econometrica*. 43: 513-518.

ナッシュの交渉解とは異なる公理系に基づいて，新たな交渉解を提示したもので，「カライ＝スモロデンスキー解」として知られています。詳しくは，鈴木『新ゲーム理論』を参照してください。

　　Bacharach, M. (1976) *Economics and The Theory of Games*, Macmillan Press（バカラック／鈴木光男・是枝正啓訳『経済学のためのゲーム理論』東洋経済新報社，1981）．

バカラック（Michael Bacharach, 1936-2002）は，オックスフォード大学に勤めていたイギリスの数少ないゲーム理論家で，是枝先生（当時，長崎大学助教授）が東京工業大学に内地留学している際に，一緒に訳しました。
　そのほか，記憶に残るものとして，次のようなものがあります。

　　Amihud, Y. ed. (1977) *Bidding and Auctioning for Procurement and*

Allocation. New York University Press.

Gottinger, H. W. and W. Leinfellner eds. (1978) *Decision Theory and Social Ethics.* D. Reidel.

Roth, A. E. (1979) *Axiomatic Models of Barganing.* Springer.

16 日本におけるゲーム理論

1970年前後から，わが国でもゲーム理論関係の本が出版されるようになり，例えば次のようなものがあります。

戸田正直・中原淳一 (1968)『ゲーム理論と行動理論』情報科学講座，共立出版。

戸田先生（当時，北海道大学教授，1924-2006）は，学生時代は物理学を専攻し，のちに心理学に転向した方で，日本における行動科学の創立メンバーの一人です。行動科学としてのゲーム理論について述べられています。後には，ゲームの実験もしています。

坂口実 (1969)『ゲームの理論』森北出版。
西田俊夫 (1973)『ゲームの理論』日科技連。

坂口先生は，大阪大学の基礎工学部，西田先生は大阪大学の工学部の先生で，ORとしてのゲーム理論を説明されたものです。

1970年になって，ようやく

von Neumann, J. and O. Morgenstern (1944) *Theory of Games and Economic Behavior.* Princeton University Press（フォン・ノイマン＝モルゲンシュテルン／銀林浩・橋本和美・宮本敏雄監訳『ゲー

ムの理論と経済行動』1-5，東京図書，1972-73）。
が出版されました。

初版のみで絶版になり，2009年になって，ちくま学芸文庫として再版されました。

拙著の紹介

私は1964年8月にアメリカ留学から帰国し，65年3月から東京工業大学に移りました。当初は，東京工業大学の社会工学科の設立に関与し，多忙でしたが，それもいくらか落ち着いた頃，次の入門書や論文集を刊行しました。

鈴木光男（1970）『人間社会のゲーム理論』講談社現代新書。

序文で「君は君，僕は僕，そして仲よく」という言葉を述べ，私のゲーム理論に対する基本的な考えを述べました。その一部を，私の自伝『ゲーム理論と共に生きて』（ミネルヴァ書房，2013年）に収めましたので，読んでいただければうれしく存じます。

『競争社会のゲーム理論』

鈴木光男編（1970）『競争社会のゲーム理論』勁草書房。
第1章　ゲームの理論と人間行動（鈴木光男）
第2章　日中米ソ四か国間の同盟関係（鈴木光男）
第3章　政治的発言の理論――説得コミュニケーションのゲーム論的分析（武者小路公秀）
第4章　国際体系のSimulation Game建設の方法（関寛治）
第5章　手付けを前提としない協力ゲーム（安田八十五）
第6章　交換経済の行動とその極限定理（西野寿一）
第7章　交渉ゲームの意議（宮島勝）
第8章　交渉ゲームの実験（宮島勝）
第9章　交渉問題の理論と実験（宮島勝）
第10章　囚人のジレンマの意味（鈴木光男・伊東洋三・安田八

十五）
　　第11章　性格と囚人のジレンマ（実験）（穐山貞登・堀洋道・高村武雄・川上善郎）
　　第12章　寡占価格と囚人のジレンマ（今井賢一）

　鈴木の「第2章　日中米ソ四か国間の同盟関係」は，特性関数型4人ゲームのフォン・ノイマン＝モルゲンシュテルン解を用いて，日中米ソ間の均衡関係を考察したもので，政治学者の研究会で発表したものです。

　第11章の性格と囚人のジレンマの実験は，東京工業大学の心理学の先生にお願いして行ったもので，ゲームの実験によって，その人の性格を考察しためずらしい実験です。

　　鈴木光男・中村健二郎（1972）「社会的意思決定と coalition power」
　　『季刊理論経済学』23（3）：10-12.1。

　　鈴木光男（1973）「ゲーム理論成立の歴史」『経済評論』4・5・6月号。

　ゲーム理論成立の歴史は，当時としてはめずらしい考察で，これを読んで，オーストリア学派の経済学とゲーム理論の関係を研究する方も出てきました。この論文は，次の書に収められています。

『ゲーム理論の展開』

　　鈴木光男編（1973）『ゲーム理論の展開』東京図書。
　　　はしがき（鈴木光男）
　　　第1章　ゲーム理論の成立まで（鈴木光男）
　　　第2章　ゲームの表現形式とその理論（中山幹夫）
　　　第3章　コアの理論（中村健二郎）
　　　第4章　手附の存在を前提としない n 人ゲームの理論（中村健二郎）
　　　第5章　シャープレイ値（中村健二郎）

第6章　交渉集合，カーネル，仁（金子守）
第7章　k-安定の理論（中村健二郎）
第8章　分割関数形のゲームの理論（金子守）

　本書『ゲーム理論のあゆみ』の「第1章　古き代のゲームの理論」から「第5章　ゲームの理論の成立」までは，この本の「第1章　ゲームの理論の成立まで」に若干加筆したものです。

　謝辞の一部と目次には英文もつけて，モルゲンシュテルンをはじめ当時の数少ないゲーム理論家のほとんどすべてに送りました。英文の目次と多数の脚注によって，専門家には何が書かれているかがわかったと思います。

　当時は，交渉集合，カーネル，仁，k安定，分割関数形ゲームなどの解説的な本は出ていませんでしたから，このような本が出版されたことを，オーマン，マッシラーなど多くの人が喜んでくれました。それは，バート・ザルツフレンでのワークシップの前でしたから，その際にも話題にしてくれました。

　モルゲンシュテルンからは，日本のゲーム理論家による英文の本を出すようにという手紙をいただき，出版社の手配までしてくれました。モルゲンシュテルンの手紙を若い人に見せて，いつの日かそのような本を出版することを夢見ていました。

　そのほかには，

　　Davis, M. D. (1970) *Game Theory: A Nontechnical Introduction*. Basic Books（デービス／桐谷維・森克美訳『ゲームの理論入門——チェスから核戦略まで』講談社ブルーバックス，1973）。

　現在も刊行されていて，超ロングセラーになっています。

　　鈴木光男 (1973)「計画における仁と責任」『東洋経済新報・近代経済学シリーズ』1月10日号。

野口悠紀雄（1974）『情報の経済理論』東洋経済新報社。

　野口先生の本は，情報の売買など，情報の経済理論について，ゲーム理論によって考察したわが国における最初の紹介といえるものです。

『計画の倫理』

　私は，1967年4月から，東京工業大学の社会工学科で，計画数理という講義を担当するようになり，社会工学における計画数理の講義の意味を「社会的計画における数学的理論」と理解し，私は講義をするにあたって「社会的計画とは何か」について考えました。

　社会的計画とは，とりもなおさず人と人との関係であり，私の好きな「君は君，僕は僕，そして仲良く」という関係が基礎にあると思い，そしてそれは，まさにゲーム理論の基本的な思想にあると思いましたので，ゲーム理論を中心とする講義をしてきました。

　そして計画の基本的な理念を，私なりにまとめて『計画の倫理』として出版しました。

　　鈴木光男（1975）『計画の倫理』東洋経済新報社。
　　　序　章　ふるさと崩壊
　　　第一章　計画の倫理を求めて
　　　第二章　目的性の倫理
　　　第三章　責任性の倫理
　　　第四章　紛争の構造
　　　第五章　協力の論理
　　　第六章　公正の原理と仁
　　　　あとがき

　『計画の倫理』は現在絶版になっていますので，拙著『社会を展望するゲーム理論』（勁草書房，2007）の第二部「計画の倫理」に要約して紹介しました。「序章　ふるさと崩壊」は，その全文を収めて

あります。

　この本で，私は，第3章第5節の山田雄三先生の「計画の経済理論」のところで述べた目的論的計画観を批判し，社会的計画は，責任性の倫理に基づく責任論的計画でなければならないということを述べました。

　人間が社会的な存在として生きてゆく限り，人々はお互いの行為に応答（response）する能力，すなわち responsibility をもたなければならなりません。そしてさらに，それは応答の応答に対する応答といった予見に基づく応答でなければなりません。すなわち相互の応答の応答を予見する（account）能力，すなわち accountability に基づく応答であってそれは自己が他者に対して責務を負うものとしての accountability をもつということです。

　この responsibility と accountability をもつということが，責任性の倫理にほかなりません。

　責任性の倫理については，次を参照。

> Niebur, H. R.（1963）*The Responsible Self: An Essay in Christian Moral Philosophy*. Harper and Row（ニーバー／小原信訳『責任を負う自己』新教出版社，1967）.

　私はこのような責任性の倫理に基づく計画を「責任論的計画」と呼んでいます。それは責任としての計画であり，責任を負うものとしての計画（The Responsible Planning）です。

　n 個の意志決定主体からなる社会的状況における計画，それは，まさに，n 人ゲームとしてとらえられるべきものです。そして，責任ある行動，すなわち戦略の選択は，先にシェリングのところで述べた credible commitment（信頼できる約束，確約）ということにほかなりません。

『社会システム』

東京工業大学の先生方が編集した「エンジニアリング・サイエンス講座」の一つとして，編集の先生方から「社会システム」というテーマを与えられて，故中村健二郎君と共同で，

> 鈴木光男・中村健二郎（1976）『社会システム——ゲーム論的アプローチ』共立出版.
> 　　1　社会システムの表現法
> 　　2　全体と部分との関係の安定性
> 　　3　交渉の論理
> 　　4　投票の理論
> 　　5　コアおよび仁の存在証明（中山幹夫君執筆）

という内容で出版しました。

東京工業大学工学部に社会工学科が設立されて間もないころで，社会工学の基礎概念である社会システムを表現するのは，ゲームにほかならないという気持ちで，このようなタイトルと内容にしました。

このように，1970年代は，ゲーム理論が大きく発展し，大きな広がりをもつようになった時代ということができます。

第10章

飛躍の時代

1980年代

1 さらなる飛躍へ

 1980年代に入ると,ゲーム理論は,ある特定の場合に適用される特別な理論であるという理解から,複数の意思決定主体間の意思決定の構造に関する包括的な概念を提供する理論であり,言葉であるということが,広く認められるようになり,その内容も,それが適用される分野も,飛躍的に拡大しました。
 ゲーム理論が生み出した概念が基本的で,かつより一般的で,しかも使いやすいとわかると,それからの普及はあっという間の感じでした。単にミクロ経済学や企業の経営戦略といった領域にとどまらず,社会的な主体間の関係に関わる分野に広い適用分野を見出しました。
 公共的な問題や,市場メカニズムによらない問題へのアプローチも,ゲーム理論の言葉によって表現され,厳密な分析が可能になり,制度の問題や公共的な政策や計画は,ゲーム理論的な方法によって考察するのが普通になりました。
 投票のメカニズムやルールなど,投票に関する理論もまた,ゲー

ム理論の表現を得ることによって飛躍的に発展しました。社会的選択理論の分野は，ゲーム理論とは独立に発展してきましたが，次第にゲーム理論の表現を用いて研究されるようになってきました。

ゲーム理論の具体的な適用という面で，積極的な役割を果たしたのは産業組織論の分野の人たちで，それまでの寡占市場の分析とかコアと市場の関係というだけではなく，もっと制度的な点まで踏み込んだ研究が盛んになってきました。

これらの研究によって，ゲーム理論は，政策決定者に対しても，政策の立案，計画の作成，ルールの設定，そして，その決定などに関して適切なアドバイスをすることができるまでに成長しました。

2 非協力ゲームの理論の発展

この時代の特徴は，非協力ゲームの理論の発展にあります。ゼルテンのチェーンストア・パラドックスが発表されたのは 1978 年で，それを契機に，前章で述べた Rosenthal (1981)，Kreps, and Wilson (1982) などがあります。

1980 年には，ドイツのボンとハーゲンで，ゲーム理論のセミナーが開かれ，その記録が出版されています。

  Moeschlin, O. and D. Pallaschke eds. (1981) *Game Theory and Mathematical Economics*. North Holland.

これは，次の 4 つのパートからなっています。

1. ゲーム理論
2. 数理経済学
3. 不動点と最適化理論
4. 測度論的概念とその他のツール

その後も，

> Damme, E. van (1983) *Refinements of the Nash Equilibrium Concept.* Springer-Verlag.
> Damme, E. van (1987) *Stability and the Perfection of Nash Equilibria.* Springer-Verlag.
> Harsanyi, J. C. and R. Selten (1988) *A General Theory of Equilibrium Selection in Games.* MIT Press.

など，非協力ゲームの均衡点の精緻化など，非協力ゲームの理論の研究が急激に進展しました。

その後，非協力ゲームの理論の進展は，理論的にも，具体的な問題への適用の面でも，広範に広がり，ゲーム理論といえば，非協力ゲームの理論といわれるようになり，協力ゲームの理論などは，もう無意味であるかのようにいう人も出てきました。

3 共通認識

ゲームのルールが，プレイヤーの共通認識（common knowledge, 共有知識）になっているゲームを情報完備ゲームといい，共通認識になっていないゲームを情報不完備ゲームということは，第8章第9節で述べましたが，その後，そもそも共通認識とは何かということが問題になってきました。

共通認識の概念を定義したのは，哲学者のルイス（David Kellogg Lewis, 1941-2001）で，彼は，このような共通の認識を習慣（convention）と呼んでいます。

> Lewis, D. K. (1969) *Convention: A Philosophical Study.* Harvard University Press.

そして，それを理論化したのが，オーマンの

> Aumann, R. J.（1976）Agreeing to disagree. *Annals of Statistics*. 4: 1236-1239.

です。このタイトルからだけでは，内容をすぐ想像するのは困難ですが，いかにもイスラエルのゲーム理論家らしいでユダヤ教の教典タルムード的なタイトルです。

それ以後，共通認識（共有知識）の問題は，ゲーム理論の基本的な問題として重要視されるようになり，そして，さらに，ゲームに解が存在するための認識論的条件などが考究されるようになりました。

オックスフォード大学のバカラックには，

> Bacharach, M.（1985）Some extension of a claim of Aumann in an axiomatic model of knowledge. *Journal of Economic Theory*. 37: 167-190.

という論文があります。

彼には，第9章第15節で紹介したBacharach（1976），鈴木・是枝訳（1981）『経済学のためのゲーム理論』がありますが，訳書が出版された後に，彼から貰った手紙に，「今はゲーム理論の研究はやっていなくて，論理学の研究をしている」というようなことが書いてありました。

バカラックは，この本を書いた後，意思決定やゲーム理論の基礎にある論理そのものに関心をもったようです。上記の論文を見て，彼の手紙の意味を了解しました。

共通認識について，当時の状況を知ることができるものとして，

> Geanakoplos, J.（1992）Common knowledge. *Journal of Economic Perspectives*. 6: 53-82.

があります。

ゲーム理論の認識論的論理（Epistemic Logic）については，1990年代に入って盛んに研究されるようになり，バカラックら4人によって編纂された次の論文集があります．

> Bacharach, M. O., L. -A. Gérard-Varet, P. Mongin, and H. S. Shin eds. (1997) *Epistemic Logic and The Theory of Games and Decisions*. Kuwer Academic Publishers.

この論文集の中には，

> Kaneko, M. and T. Nagashima, Axiomatic indefinability of common knowlege in finitary logics.

が収められています．

共通認識をもつ場

社会状況を定義している諸要素について，その社会の成員がこのような意味での共通認識をもっているかどうかは，政治，経済，経営などの社会的問題を考える際の重要な要点です．公共的な問題を考える際には，なくてはならない概念です．

現実には，共通認識をもつのはかなり困難なことで，「共通認識をもたないのが共通認識である」という場合も少なくありません．それさえないこともあります．

それでは，共通認識をもつことを前提とするゲーム理論は使い物にならないといわれそうですが，現実の問題に関して定義されたゲームは，何らかの歴史的背景のもとで定義されるわけですから，ゲームの出発点は単なる点ではなく，**過去の歴史の重荷を背負った点**です．

したがって，ゲームの出発点においては，それまでの習慣や経験，学習などの過程があり，それらは共通の認識を増大させていく場であり，そこから，何が共通認識かを明らかにすることができると思

います。

そして、その共通認識の中から共通の確信が生まれ、その確信の共有がさらに共通の認識を増大させます。それが、経験の積み重ねであり、習慣であり、学習の過程であり、教育の意味であると思います。

4 ゲーム理論による生物学の発展

1970年代から、生物学の分野で、ゲーム理論による生物の進化についての考察が急速に発展してきました。ゼルテンは早くからその重要性を指摘していて、彼のもとで、ハーマーシュタインなどがゲーム理論を用いて生物現象について研究していました。

そして、現在の進化ゲームと呼ばれる分野の基礎を作ったのが、イギリスの生物学者メイナード-スミス（John Maynard-Smith, 1920-2004）でした。

> Maynard-Smith, J. and G. R. Price (1973) The logic of animal conflict. *Nature*. 245: 15-18.

彼らは、新しい概念として、進化的に安定な戦略を考え、進化ゲームの基礎を作りました。

その頃の雰囲気を伝えるものとして、例えば、イギリスの科学ジャーナリスト、コルダーの、

> Calder, N. (1973) *The Life Game*. British Broadcasting Corporation（コルダー／和田昭允・橘秀樹訳『ライフ・ゲーム――生命の起源と進化』みすず書房, 1979）.

という読み物があります。そして、

> Maynard-Smith, J. (1974) The theory of games and the evolution of

animal conflict. *Journal of Theoretical Biology*. 47: 209-221.
によって，進化ゲームの理論が確立しました。

　わが国では，京都大学の寺本英先生（1925-96）や日高敏隆先生（1930-2009，1975年から京都大学教授）のグループが早くから取り組んでいました。
　イギリスのオックスフォード大学の生物学者で，動物の行動についての研究の指導者の一人であるドーキンス（Richard Dawkins, 1941-）は，

　　　Dawkins, R. (1976, 1989) *The Selfish Gene*. Oxford University Press（ドーキンス／日高敏隆・岸由二・羽田節子・垂水雄二訳『利己的な遺伝子』紀伊國屋書店，1991，2006）．

という本を書いています。
　本書は，「従来の生物観や人生観を根底から揺るがす思想であり，……進化生物学における従来の考え方をすべて総合し，簡潔な言葉で説明したいへんエクサイティングで華麗な文体で書かれた本である」というような意味の書評が紹介されています（同書，pp. 1-2）。
　ドーキンス自身は「私はエソロジスト（行動生物学者）であり，これは動物の行動についての本である」といっていて，後述するアクセルロッドの『協力の進化（つきあい方の科学）』にある繰り返しゲームや囚人のジレンマなど，ゲーム理論の基礎概念やそれまでの成果を用いています。

　ドイツでは，ゲッチンゲン大学のマックス・プランク研究所のアイゲンとヴィンクラーの共著

　　　Eigen, M. und R. Winkler (1975) *Das Spiel: Naturgesetze Steuern del Zufall*. Piper-Verlog（アイゲン＝ヴィンクラー／寺本英・伊勢典

夫・岩橋保・西尾英之助・柊弓絃訳『自然と遊戯——偶然を支配する自然法則』東京化学同人, 1981).

があり, 彼らは, 「まえがき」で, 「われわれは, ゲームを, 偶然と必然とのからみ合った枝分かれの形で, あらゆる事情の根底に横たわっている自然現象である, と見なしている」といっています（同書, p. viii)。

1982年には, メイナード-スミスは, それまでの研究を本にまとめて出版し, まもなく日本語に訳されました。

> Maynard-Smith, J. (1982) *Evolution and the Theory of Games*. Cambridge University Press (メイナード-スミス／寺本英・梯正之訳『進化とゲーム理論』産業図書, 1985).

この本は進化とゲーム理論についての教科書的存在ということができます。メイナード-スミスは, 「まえがき」で, 次のように述べています。

> 最近の10年間, ゲーム理論の概念や手法を適用して, 生物の進化を論ずる研究が数多く展開されてきた。……いまや表現型の進化についての普遍的な考え方とみられるようになってきた。……
>
> 一方, 私は, この本がゲーム理論の研究者にもためになることを期待している。逆説的と思えるが, ゲーム理論はそれが最初めざしていた経済行動の分野よりも, 生物学の方にずっとうまく応用できることが分かってきたからである。
>
> それには理由が二つある。一つは様々な結果の価値（例えば, 経済的な報酬, 死の危険性, 良心のとがめを受けない喜びなど）を一元的な尺度で測ることが理論にとって必要となっていることである。人間に応用する際には, この尺度として「効用」という幾分人工的で心地のよくない概念が用いられている。それに対して生物学では, ダーウィンの適応度が自然で正真正銘の一元的な

尺度となっている。

　二つめは、より重要であるが、ゲームの解を求める際に、人間の合理性という概念が、進化的な安定性という概念に置き換えられることである。このことの利点はこうである。生物の集団が安定な状態に進化すると期待するのは理論的に十分根拠のあることであるのに対して、人間が常に合理的に行動するかどうかは疑問の余地がある。　　　　　　　　　　　　　　　（同上書、i-ii）

現在では、九州大学の巌佐庸先生などが積極的に研究を進めておいでです。巌佐先生には、多数の著書、訳書がありますが、例えば、次のようなものがあります。

　巌佐庸（1981）『生物の適応戦略——ソシオバイオロジー的視点からの数理生物学』サイエンス社。
　日本生物物理学会、シリーズ・ニューバイオフィジックス刊行委員会編／巌佐庸・担当編集委員（1997）『数理生態学』共立出版。

進化ゲームの理論の発展

現在では、進化ゲームの理論は、単に生物学の分野を超えて、ゲーム理論の一つの大きな分野に成長していて、その研究は現在進行中といえます。例えば、岡田章（2011）『ゲーム理論〔新版〕』（有斐閣）でも詳しく述べられていますので参照してください。

5　比較制度分析

1980年代に入って、ゲーム理論を基礎にして社会問題を論ずることが盛んになってきました。

例えば、直接ゲーム理論を扱ったものではありませんが、「パラ

ダイムとしてのゼロ・サム・ゲーム」としてゲーム理論を発想の基礎にして，当時の経済発展に関する諸問題を論じたものに，

> Thurow, L. C. (1980) *The Zero-Sum Society: Distribution and the Possibilities for Economic Change.* Basic Books（サロー／岸本重陳訳『ゼロ・サム社会』TBS ブリタニカ，1981）．

というようなものがあります。

さらに，社会制度をゲーム理論の枠組みによって考察するようになり，例えば，ニューヨーク大学のショッター教授に，

> Schotter, A. (1981) *The Economic Theory of Social Institutons.* Cambridge University Press.

という著書があって，ゲーム理論を用いて，経済および社会の制度の創造，進化，機能について論じています。

スタンフォード大学教授の青木昌彦先生は，「ゲーム理論は発見装置である」といって，ゲーム理論という装置を使って「ゲームの理論からみた法と経済」という副題のついた次の著書があります。

> Aoki, M. (1984) *The Co-operative Game Theory of The Firm.* Oxford University Press（『現代の企業——ゲームの理論からみた法と経済』岩波書店，1984）．

同書では，「企業の市場行動とその内部における分配とを協調ゲームの解（交渉解）として解釈する」として，「協調ゲームの理論は，正統的な新古典派企業理論と労働者管理の企業理論とを2つの特殊なケースとして含む，より一般的な理論である」と述べて，企業理論，そして，さらに制度の分析へと進まれました。

制度分析については，ダグラス・ノースに次の本があります。

> North, D. C. (1990) *Institutions, Institutional Change and Economic*

Performance. Cambridge University Press(ノース／竹下公視訳『制度・制度変化・経済成果』晃洋書房,1994).

　この本はノースの主著の一つですが,その書き出しは,「制度は社会におけるゲームのルールである」とあって,多くの問題が,ゲーム理論の言葉で語られています。

　青木先生の『現代の企業』はノースの本に先立つものですが,その後,青木先生には,ゲーム理論の装置を使った多数の制度比較の研究があります。私の目にふれただけでも,

　　Aoki, M.(1988)*Information, Incentives, and Bargaining in the Japanese Economy.* Cambridge University Press(青木昌彦／永易浩一訳『日本経済の制度分析——情報・インセンティブ・交渉ゲーム』筑摩書房,1992).
　　青木昌彦(1995)『経済システムの進化と多元性——比較制度分析序説』東洋経済新報社。
　　青木昌彦・奥野正寛編(1996)『経済システムの比較制度分析』 東京大学出版会。
　　Aoki, M.(2001)*Towards a Comparative Institutional Analysis.* MIT Press(青木昌彦／瀧澤弘和・谷口和弘訳『比較制度分析に向けて』NTT出版,2001).

などがあります。

　『比較制度分析に向けて』の帯には,「ゲーム理論の枠組みの拡充と豊富な比較・歴史情報の結合によって,経済学・組織科学・政治学・法学・社会学・認知科学における制度論的アプローチを統合しようとする画期的業績。シュンペーター賞受賞」とあり,ゲーム理論的視点から見た3つの制度について述べ,ゲーム理論という枠組みによる比較制度分析という新しい分野を確立されました。

6 経営学におけるゲーム理論
—— 1980年代から90年代

1980年代の初めの頃から,経営学関係の人々が積極的にゲーム理論に取り組むようになって,経営学の広い領域にわたって,ゲーム理論による新しいスタイルでの分析が始まりました。そして産業組織論や企業経済学といわれる分野のテキストでは,その理論的基礎として,かなりの頁をゲーム理論の諸概念の説明にあてています。

会計学の分野でも,シャプレー値や仁などの解概念が,費用分担の問題などで,積極的に使われるようになりました。エージェントの理論なども,実際にその必要性が議論されるようになってきて,これまでゲーム理論に縁の薄かった分野の人々の間で,ごく自然に使われるようになってきました。

例えば,1980年代初期の教科書として,

    Ponssard, J. P. (1981) *Competitive Strategies: An Advanced Textbook in Game Theory for Business Students*. North-Holland.

があります。

経営学というわけではありませんが,具体的な問題への適用として,興味深いものに,

    Aumann, R. J. and M. Maschler (1985) Game theoretic analysis of a bankruptcy problem from the Talmud. *Journal of Economic Theory*. 36: 195-213.

があります。

この論文は,タルムードにある破産問題の解がゲーム理論の解の仁と一致することを明らかにしたもので,大変興味深い話で,拙著『新ゲーム理論』「破産問題」の章で詳しく紹介しました。

If I am not for myself, who be for me?
If I am only for myself, what am I?　　　　（タルムードから）

　また，経済学や経営学の動向を示すものとして，
　　Tirole, J. (1988) *The Theory of Industrial Organization*. MIT Press.
があります。

　日本でも，1980年代後半から，ゲーム理論の講義をする経営学や商学関係の研究者が増えてきて，かなりの大学で講義されるようになってきました。1988年以後，私が所属していた東京理科大学経営工学科の卒業論文にも，そのことが反映されています。鈴木『新ゲーム理論』の付録の卒業論文のタイトルをみてください。
　1990年代に入ると，多くの訳書が出版されるようになりました。例えば，次のようなものがあります。

　　Milgrom, P. R., and J. Roberts (1992) *Economics, Organization and Management*. Prentice Hall（ミルグロム＝ロバーツ／奥野正寛・伊藤秀史・今井晴雄・西村理・八木甫訳『組織の経済学』NTT出版, 1997）.
　　McMillan, J., (1992) *Games, Strategies, and Managers : How Managers Can Use Game Theory to Make Better Business Decisions*. Oxford University Press（マクミラン／伊藤秀史・林田修訳『経営戦略のゲーム理論——交渉，契約，入札の戦略的分析』有斐閣, 1995）.
　　Elster, J., (1989) *Nuts and Bolts for the Social Sciences*. Cambridge University Press（エルスター／海野道郎訳『社会科学の道具箱——合理的選択理論入門』ハーベスト社, 1997）.
　　Nalebuff, B. and A. M. Brandenburger (1996) *Co-opetition*. Doubleday（ネイルバフ＝ブランデンバーガー／嶋津祐一・東田啓作訳『コーペティション経営——ゲーム論がビジネスを変える』日

本経済新聞社，1997)．

コーペティション (co-opetition) というのは，cooperation と competition とをつなげて短縮した著者の造語で，協力と競争とを一体化した内容で，著者の気持ちを表した言葉です．

社会人を対象とした公開講座などでは，ゲーム理論は最も人気のある講義の一つになって，私も社会人の方を対象にしたセミナーを何度か経験するようになりました．講義の際に，若い人の質問に，私に代わって，出席していたある会社の社長さんが，答えてくれたことがあります．私が説明するよりもずっと説得力があって，私も大変参考になりました．意思決定の場に立ち会って苦労した経験があるからだと思います．

7 今までの総括と新しい発展の基礎

1980年代は，それまでのゲーム理論のたどった道を総括するとともに，ゲーム理論の世界は大きく飛躍し，新しい発展段階へと進んだ時代でした．

その頃までの経済学とゲーム理論について，ニューヨーク大学のショッターとウィーンの高等研究所のシュエーデラーによるサーベイがあります．

> Schotter, A. and G. Schwödiauer (1980) Economics and the theory of games: A survey. *Journal of Economic Literature*. 18: 479-527.

私は，その頃まで講義のテキストとして，拙著『ゲームの理論』(勁草書房，1959) を使っていましたが，新しいテキストの必要を感じて，

  鈴木光男（1981）『ゲーム理論入門』共立出版。

を出版しました。当時としては，ゲーム理論の基本的な項目について，コンパクトにまとめたものと思っています。

 同じ頃，オーウェンは，それまで標準的なテキストとして使われていた本を改訂して，

  Owen, G. (1982) *Game Theory*, 2nd ed. Academc Press.

を出版しています。この本を見て，私の『ゲーム理論入門』とほぼ同じ内容なので，安心した記憶があります。

京都大学の今井晴雄先生は，

  今井晴雄（1982）「最近のゲーム論の展開と応用」『季刊現代経済』46, 116-135 頁。

をお書きになって，当時のゲーム理論を展望しています。

 シュウビックは，彼のそれまでの業績をまとめて，2冊の大著を刊行しました。文献目録も豊富で，『ゲームの理論と経済行動』出版以来のゲーム理論の全体像を知ることができます。

  Shubik, M. (1982) *Game Theory in the Social Sciences: Concepts and Solutions*. MIT Press（総頁 514 頁）.
  Shubik, M. (1984) *A Game-Theoretic Approach to Political Economy*. MIT Press（総頁 744 頁）.

謝辞には，シャプレーをはじめ彼とともに学んだ仲間の名前が多数挙げられていて，ゲーム理論の成立当時から1980年代初期までのゲーム理論を担ってきたゲーム理論家たちの面影を伝えています。1984年版には，当時シュウビックのもとに留学していた Mamoru Kaneko の名もあります。

 また，ペレグも，投票に関する彼の考えをまとめて，

> Peleg, B. (1984) *Game Theoretic Analysis of Voting Committees*. Cambridge University Press.

を出版しています。

政治学者のアクセルロッド（Robert M. Axelrod, 1943-）の

> Axelrod, R. (1984) *The Evolution of Cooperation*. Basic Books（アクセルロッド／松田裕之訳『つきあい方の科学——バクテリアから国際関係まで』CBS出版，1987。のちにミネルヴァ書房，1998）。

は広く読まれ，その後，長く引用されています。

彼は，囚人のジレンマの繰り返しゲームのコンピュータ・プログラムを，ゲーム理論の専門家をはじめ，経済学，心理学，社会学，政治学，数学の各分野で活躍するゲーム理論の研究者に作ってもらい，総当たりのリーグ戦方式で競わせました。

この選手権の勝者は「しっぺ返し（反射戦略，Tit For Tat）」でした。「しっぺ返し」とは，初回は協調し，その後は，すぐ前の回に相手が選んだ行動をこちらがとる，という戦略です（詳しくは，鈴木『新ゲーム理論』参照）。

アクセルロッドは，この結果に基づいて，さらに広くさまざまな戦略を考え，生物学から国際政治まで，幅広い分野で，いかにして協調関係を生み，それをいかにして継続するかを考察しています。その後，これに続く研究は，さまざまな形で行われ，広く影響を与えています。

のちに，ノーベル経済学賞を受賞したピッツバーグ大学（のちにスタンフォード大学）教授のロス（Alvin E. Roth）による1983年のバーゲニングについてのコンファレンスの成果をまとめたものに，

> Roth, A. E. ed. (1985) *Game-Theoretic Models of Bargaining*. Cambridge University Press.

があり，17編の論文が収められていて，バーゲニングについてのそれまでの成果を見ることができます。

さらに，1989年に，非協力バーゲニングのシンポジウムが開かれ，それからしばらくして，情報不完備な状況におけるバーゲニングについての新しい論文も加えて，22編の論文が収められた

> Linhart, P. B., R. Radner, and M. A. Satterthwaite eds. (1992) *Bargaining with Incomplete Information*. Academic Press.

が刊行されています。

1983年6月27日から30日にかけて，フィンランドのヘルシンキで行われたシンポジウムの記録

> Arrow, K. J., and S. Honkapohja eds. (1985) *Frontiers of Economics*, Basil Blackwell.

が出版されました。有意義と思われる6つの分野について，それまでの10年から15年の間に得られた成果と今後の展望についての報告が収められています。その最初の報告が，オーマンの

> Aumann, R. J. (1985) What is game theory trying to accomplish?. 同書: 28-99.

で，当時のゲーム理論の成果と展望を話していて，それに対するゼルテンとシュウビックの長いコメントも掲載されています。

そのほかには次のようなものがあります。

> 鈴木光男・武藤滋夫 (1985)『協力ゲームの理論』東京大学出版会。

この本はコアと安定集合に絞って書いたものですが，別払いのない協力ゲームや，市場ゲーム，投票ゲーム，非分割財の市場ゲームなど，当時としては，安定集合について，これだけ詳しい本はありませんでした。主に武藤滋夫君の筆によるものです。

Eatwell, J., M. Milgate, and P. Newman eds. (1987) *Game Theory*. The New Palgrave, Macmillan.

ゲーム理論の用語について解説した辞書のようなもので，オーマンのゲーム理論，ハルサニのバーゲニング，ヒンデブランドのコアなど多数の項目があり，1987年時点でのゲーム理論を知ることができます。

ほかに興味深いものとして，

Binmore, K. and P. Dasgupta (1987) *The Economics of Bargaining*. Basil Blackwell.

Hahn, F. ed. (1987) *The Economics of Information, Games, and Missing*. Clarendon Press.

Hollis, M. (1987) *The Cunning of Reason*. Cambridge University Press（ホリス／槻木裕訳『ゲーム理論の哲学——合理的行為と理性の狡智』晃洋書房，1998).

Rasmusen, E. (1989) *Games and Information: An Introduction to Game Theory*. Basil Blackwell（ラスムセン／細江守紀・村田省三・有定愛展訳『ゲームと情報の経済分析』Ⅰ・Ⅱ，九州大学出版会，1990・1991)。

細江守紀編 (1989)『非協力ゲームの経済分析』勁草書房。

などがあります。

ゲーム理論を基礎にした経済学のテキストも出版されるようになり，わが国では，

奥野正寛・鈴村興太郎 (1988)『ミクロ経済学Ⅱ』岩波書店。

があります。

こうして振り返ってみると，1985年を節目に，ゲーム理論は，新しい世界に入ったということができます。

第11章

新しい時代へ
1990年以後

1 新しい専門誌の発行と学会の設立

1989年に,ノースウェスタン大学のカライ(Ehud Kalai)を編集主幹として,新しいゲーム理論の専門誌

Games and Economic Behavior

が刊行され,ゲーム理論は社会科学の基礎的な分野としての地位を確立しました。

さらに,1999年1月1日には,Game Theory Societyと呼ばれる国際学会が発足し,21世紀に向けて,よりいっそうの飛躍の時代に入りました。

奥野正寛先生(当時,東京大学教授)は,この学会の設立資金を集めることにも大変努力され,Executive Commiteeの一人として参加されました。

そして,以前より刊行されていた

International Journal of Game Theory (通称,IJGT)
Games and Economic Behavior (通称,GER)

の2つのジャーナルはこの学会の機関誌となりました。

1995年には，Econometric Society の第7回世界大会が日本で開かれましたが，その際にもゲーム理論に関連する研究がたくさん報告され，日本の学界からも，神取道宏先生の進化ゲームの総合的な報告をはじめ，たくさんの優れた発表がありました。

さらに，1999年には，

> *Journal of Public Economic Theory*
> Editors: Conley, J. P.（イリノイ大学）
> 　　　　Wooders, M. H.（トロント大学）
> *International Game Theory Review*
> Editors: Yeung, D. W. K.（香港大学）
> 　　　　Φrgensen, J. S.（デンマーク）
> 　　　　Petrosjan, L. A.（ロシア）

という2つの雑誌が発刊され，ゲーム理論の発表の場が格段と広がりました。

2　記念論文集

1990年の頃になると，ハルサニ，シャプレー，ゼルテン，マッシラーが，記念さるべき年齢に達して，その記念論文集が次々に出版されました。これらの記念論文集は，1990年前半のゲーム理論の状態を反映していると見ることができます。

ハルサニは1992年に72歳になり，シャプレーは88年，マッシラーは92年，ナッシュと私が93年，オーマンは95年，ゼルテンは96年に，それぞれ65歳になりました。ハルサニはかなり先輩ですが，あとは同じ世代といえます。

これらのゲーム理論の初期の研究者は，いずれもその少年時代から青年時代に至る多感な成長期を，第二次世界大戦中に過ごしまし

た。その時代に味わった苦難が，彼らがゲーム理論に取り組む気持ちの底流に流れているのではないかと思います。特に，初期のゲーム理論家に多いユダヤ系の人々からは，それを強く感じます。

シャプレー65歳記念論文集

シャプレーは，1954年から81年までランド研究所にいて，南カルフォルニア大学に移ったのは，57歳になってからでした。大学よりランドのほうが気楽でいいと言っていました。

シャプレーの65歳の記念論文集は，ロスの編集によって，1988年に刊行されました。

> Roth, A. E. ed. (1988) *Shaley Value: Essays in Honor of Lloyd S. Shapley*. Cambridge University Press.

20編の論文からなり，いずれも何らかの形で，シャプレー値に関するものです。私のところには，ロス教授から，贈呈のサイン入りで，本が送られてきました。なお，ロスには，

> Roth, A. E. (1979) *Axiomatic Models of Bargaining*. Springer.

という著書があり，こちらも彼から贈っていただきました。

この1988年に，奥野正寛先生の御努力で，シャプレーが日本に来ましたが，そのとき，私はかなり重い病気で入院中でしたので会えませんでした。シャプレーが病院に私を見舞いにゆきたいといったそうですが，私の仲間が，それは無理だといって止めたというようなことがありました。

ハルサニ72歳記念論文集

1992年に，ハルサニの記念論文集が，ゼルテンの編集で出版されました。70歳の記念に出したかったようですが，ハルサニは72歳になっていました。間に合わなかったようです。

Selten, R. ed. (1992) *Rational Interaction: Essays in Honor of John C. Harsanyi*. Springer.

論文集は，次の6つの部門からなっています（括弧内の数字は論文の数)。

1. 協力ゲーム理論 (6)
2. メカニズム・デザイン (3)
3. 非協力ゲーム理論の基本的問題 (3)
4. ゲーム・モデル (3)
5. 功利主義とその関連問題 (5)
6. 反響 (3)
7. ハルサニの著作目録（4冊の著書と84個の論文が挙げられています。)

6の反響の部門には，ゼルテンによるハルサニの業績の総括的な報告があり，また，サミュエルソン (1915-2007) の「経済学と熱力学，フォン・ノイマンの推測」というフォン・ノイマンの成長モデルに対するコメントがあります。サミュエルソンが，この頃，ゲーム理論についてどう考えていたかはわかりませんが，フォン・ノイマンの成長モデルとハルサニには敬意を表していたのでしょう。

マッシラー65歳記念論文集

Megiddo, N. ed. (1994) *Essays in Game Theory: in Honor of Michael Maschler*. Springer.

マッシラー (Michael Maschler, 1927-2008) は，ほかの2人ほどは知られていないかもしれませんが，最初は数学専門でしたが，オーマンの影響もあって，ゲーム理論に専念するようになったそうです。彼のゲーム理論に関する最初の発表は，前に述べた1961年のプリンストンでのコンファレンスでした。

マッシラーの記念論文集は14編の論文からなっていますが，武

藤滋夫君と中山幹夫君の共同論文も発表されています。

> Muto, S. and M. Nakayama, The resale-proof trade of information as a stable standard of behavior: An application of the theory of social situations. 同書: 141-154.

編者のメギド（Nimord Megiddo）は，私の東京工業大学の社会工学科時代に1年間，東京工業大学に留学していました。マッシラーとは，私はプリンストン大学の留学時代，2年間，親しくしていて，彼らの「交渉集合，カーネル，仁」を，鈴木編『ゲーム理論の展開』で紹介して，英文の目次をつけて，マッシラーやオーマンに送っていましたので，彼らは，われわれの研究室がどんなことをやっているかを知っていて，東京工業大学に来る気持ちになったようです。

ゼルテン65歳記念論文集

> Albers, W., W. Güth, P. Hammerstein, B. Moldovanu, and E. van Damme eds. (1996) *Understanding Strategic Interaction: Essays in Honor of Reinhard Selten*. Springer.

ゼルテンの記念論文集には，編者によるゼルテン夫妻へのインタビュー，またヘルシンキで行われたシンポジウム（前述，219頁）でのオーマンの報告に対するゼルテンのコメントについて編者がオーマンに聞いたインタビュー記事があり，また，ハルサニによるゼルテンとの仕事の回想などがあります。

全体で33編の論文からなり，実験的研究も8編あります。その中に，岡田章君の論文，

> Okada, A., The organization of social cooperation: a noncooperative approach. 同書: 228-242.

も掲載されています。

3 実証的実験的精神の高揚

1988年のことですが,経済学者スティグラー (Georg Joseph Stigler, 1911-91)が,次のようにいっているのを見たことがあります。

> 産業組織論に最近みられた発展は,東部の主要大学とスタンフォード大学の若手経済学者の論文に目立つゲームの理論の出現である。この種の文献は,チェンバリン派経済学と密接に気脈を通ずるものである。その経済学は(50年もたつとかくやと思われるほど)非常に精密なものであるが,実証精神とか実証能力とかいう点になると,経過した年月ほどの進歩を示してはいない。
> (Stigler, G. J.〈1988〉,スティグラー/上原一男訳〈1990〉『現代経済学の回想——アメリカ・アカデミズムの盛衰』日本経済新聞社,197頁)

モルゲンシュテルンは,もともとオーストリアの景気循環研究所の所長をしていて,現実感覚に富んだ人ですから,彼は自分たちの理論が現実を反映していると信じていましたし,それが実証されると信じていました。フォン・ノイマン゠モルゲンシュテルン解の実証的な研究も意図されていました。

理論が現実をリードする例はしばしば見られることで,理論的研究が観測や実験に先行することの意義の大きいことは,アインシュタインをはじめ,モルゲンシュテルン,そのほか,多くの方が語っています。

スティグラーが指摘した頃でも,ゲーム理論の命題の実験はしばしば行われていました。当初は,心理学者などが主でしたが,次第にゲーム理論家自身による実験が行われるようになりました。

1991年に発表された奥野先生やロス,ザミールなどによる最後

通牒ゲームと呼ばれるゲームによる市場行動の国際比較の実験をしたものに,

> Roth, A. E., V. Pransnikar, M. Okuno-Fujiwara, and S. Zamir (1991) Bargaining and market behavior in Jerusalem, Ljubljana, Pittsburg and Tokyo: an experimental study. *American Economic Review*, 81, 5, pp. 1068-1095.

があります。この実験は,日本,イスラエル,ユーゴスラヴィア,アメリカの若者たちの合理的な行動を比較したもので,大変貴重なものです。

共著者の一人,ヘブライ大学のザミール (Shmuel Zamir) とは,ドイツのバート・ザルツフレンで知り合って,私の東京工業大学時代に,1年間の予定で,東京工業大学に来ることになっていましたが,イスラエルの国の事情で来られなくなりました。1992年に,奥野先生が,ザミールを日本に招待してくださったときには,彼は自宅まで来てくれて,わが家のサイン帳に,私にとっては,身にあまる光栄ともいうべき文章を残してくれました。

わが国では,比較的早いものとして,森徹先生(名古屋市立大学教授)の

> 森徹 (1989)「公共財供給機構の有効性——実験的研究」『経済研究』, 40 (3): 234-246。

があります。

西條辰義先生(高知工科大学教授)や山岸俊男先生(北海道大学名誉教授)などが,早くからゲームの実験に取り組んでおられて,論文や著書が多数あります。例えば,次のようなものがあります。

> 宇根正志・西條辰義 (1996)「競争,公平,スパイト,談合——日本企業システムへの実験経済学アプローチ」伊藤秀史編『日本の企業

システム』東京大学出版会，249-277 頁。
Saijo, T., M. Une, and T. Yamaguchi (1996) "Dango" experments. *Journal of the Japanese and International Economics*. 10 (1): 1-11.

　西條先生たちの公共財の供給の実験では，人々の間に協力関係が創発される様子について興味深い事実が見られます。

河野勝・西條辰義編 (2007)『社会科学の実験プローチ』勁草書房。

　この本は，河野勝先生（早稲田大学教授）と西條先生とが企画し，アムステルダム大学のヴインデン教授が受け入れて，2006 年に2日間にかけて，アムステルダム大学で開かれた国際シンポジウム

　　New Directions in Political Economic Experiments and Behavioral Research

において発表された研究成果をまとめたものです。実験とシミュレーションの分野で，フロンティアを切り開くような研究をしている日本人12名，そのほかの国の人10名が報告しています。

山岸俊男 (1990)『社会的ジレンマのしくみ』サイエンス社。
山岸俊男 (1998)『信頼の構造——こころと社会の進化ゲーム』東京大学出版会。

　後者 (1998) の帯に，「世の中で最も信頼できるはずの金融機関は，なぜあれほどまでに国民の信頼を裏切り，逆に総会屋を信頼したのか。安心を求める集団主義は真意を破壊する。進化ゲーム論からの推論と実験データから大胆に提言する」とあります。

　実験経済学の教科書として書かれたものに，

Friedman, D. and S. Sunder (1994) *Experimental methods: a Primer for Economists*, Cambridge University Press（フリードマン = サン

ダー／川越敏司・内木哲也・森徹・秋永利明訳『実験経済学の原理と方法』同文舘, 1999).

があります。実験経済学が一つの授業科目として認められる時代の到来を示しています。

1990年代前半の実験経済学の総合的な報告として

  Kagel, J. H. and A. E. Roth eds. (1995) *The Handbook of Experimental Economics*. Princeton University Press.

があります。

わが国においても，川越敏司先生（公立はこだて未来大学教授）が，

  川越敏司（2007）『実験経済学』東京大学出版会。

を出版しています。本の帯には「実験経済学が明らかにする多様な人間行動の真実。経済学を一新する行動ゲーム理論の全貌」とあります。

4 1990年代初期の文献

1992年から数年かけて，オーマンとハートによって，経済学全書ともいうべき Handbooks in Economics の一つとして，

  Aumann R. J., and S. Hart eds., *Handbook of Game Theory with Economic Applications*. vol. 1 (1992), vol. 2 (1994), vol. 3 (2002), North-Holland.

が編纂されました。第1巻が出版されたとき，ゲーム理論が3巻の大著として出版されることになったことを知り，感慨無量のものがありました。

また，ゼルテンは，次のような論文集を刊行しています。

  Selten, R. ed. (1991) *Game Equilibrium Models*. Springer.

1. Evolution and Game Dynamics
 2. Methods, Morals, and Markets
 3. Strategic Bargaining
 4. Social and Political Interaction

　1990年代に入ると，多数の著書，論文が発表されるようになり，主要なものだけでも，あげきれないほどになりましたので，ここでは，その中のほんの一部だけをあげさせていただきます。

　　Binmore, K. (1990) *Essays on the Foundations of Game Theory*. Basil Blackwell.

　ビンモアは，ユニバーシティ・カレッジ・オブ・ロンドンの教授で，いくつかの著書と多くの論文があります。イギリスには本格的なゲーム理論の専門家といわれる人はあまりいませんでしたが，ビンモアなどの出現によって，イギリスからもゲーム理論の本格的な専門家が出てきました。その人たちには，アメリカやイスラエルのゲーム理論家とは違った学風が感じられます。

　　Kreps, D. (1990) *Game Theory and Economic Modeling*. Oxford University Press（クレプス／高森寛・大住栄治・長橋透訳『経済学のためのゲーム理論』マグロウヒル出版，1993）．

　　Dixit, A. K. and B. J. Nalebuff (1991) *Thinking Strategically: The Competitive Edge in Business, Politics and Everyday Life*. W. W. Norton & Company（ディキシット＝ネイルバフ／菅野隆・嶋津祐一訳『戦略的思考とは何か——エール大学式「ゲーム理論」の発想法』阪急コミュニケーションズ，1991）．

　ディキシットとネイルバフの本は，エール大学経営大学院の必修コースで教材として使われている概説書で，訳者はそのコースで学んだ方です。

Poundstone, W. (1992) *Prisoner's Dilemma: John von Noumann, Game Theory and The Puzzle of the Bomb*. Doubleday（パウンドストーン／松浦俊輔ほか訳『囚人のジレンマ——フォン・ノイマンとゲーム理論』青土社，1995）．

この本は，フォン・ノイマンの伝記から始まって，チキンゲームとキューバ危機，適者生存などからドルオークションまで，これまでのゲーム理論のさまざまなエピソードを一般読者向けに書いた本で，ゲーム理論が，もはや専門家のものではなくなったことを示しています。この本によって，ジャーナリズムの間でもゲーム理論が取り上げられるようになりました。

Gibbons, R. (1992) *Game Theory for Applied Economists*. Princeton University Press（ギボンズ／福岡正夫・須田伸一訳『経済学のためのゲーム理論入門』創文社，1995）．

Weintraub, E. R. ed. (1992) *Toward a History of Game Theory*. Duke University Press.

Binmore, K. Game Theory and the Social Contract. MIT Press.

ビンモアのこの本は，次の2巻からなっています。

第1巻　Playing Fair（1994）
　1．自由主義的リヴァイアサン
　2．同語反復的考察
　3．丸を四角にする（不可能なことを企てる）
　4．基数比較（効用の比較可能性）
第2巻　Just Playing（1998）
　1．交渉のニアンス
　2．エデンの園における進化

   3. 相互性の合理化
   4. ユートピアへの憧れ

　西洋の思想の歴史の中でいえば，非協力ゲームのナッシュ均衡の理論はホッブズの思想の延長であり，ホッブズのリヴァイアサンの現代版ということができ，社会契約は非協力ゲームの均衡点において成立すると考えられます。

　非協力ゲームの理論による社会契約論の再構築は，ハルサニとロールズなどを先駆として出発しました。

　このビンモアの本は，このような思想の流れの中で，社会契約の基本的な思想とその論理について述べたものです。

　ビンモアは，この中で，社会契約の思想について，ホッブズ，ヒューム，ロック，ルソー，カント，ベンサム，ミルといった人々の古典から，ロールズ，ハルサニをはじめとして，ゴティエ，ノージック，センなどの最近の人々による研究に至るまで，詳細に，かつ系統的に検討しています。

　そして，今までの多くの理論が，不適切なゲームの不完全な分析に基づいていると指摘した後に，彼自身の社会契約の理論を提示しました。そこで，彼は，彼の社会契約論は，ゲーム理論という強力な言葉によって明確に展開され，それに支えられた理論であるがゆえに，現実に実行可能であると主張しています。

　ビンモアは，優れたゲーム理論家であると同時に，優れた文筆家で，この本でも，各章のはじめに，ウィリアム・ブレイクによるリヴァイアサンの挿絵とそれについての彼の説明が載っていたり，聖書や，イーツ，オーガスティン，マキャヴェリ，ロンギヌスなどの詩や言葉が引用されています。

　ここでは，私の好きなブレイクの詩を紹介させていただきます。

新しい天国が始まっている如く，
　……
　対立なくして進歩はあり得ない。陽と陰，理と力，愛と憎しみとが人間の存在に必要である。これらの対立から宗教家の所謂善悪が生じた。善とは理に従う受動的なもの，悪とは力より生ずる能動的なものである。
　善は天国，悪は地獄である。
（ブレイク／土居光知訳〈1995〉『ブレイク詩集』平凡社ライブラリー，125頁）

ビンモアのこの本については，鈴木（1999）『ゲーム理論の世界』「第8章 社会契約と計画の倫理」（勁草書房）を参照。

ゲーム理論と法律については，
　　Baird, D. G., R. H. Gertner, and R. C. Picker eds. (1994) *Game Theory and The Law*. Harvard University Press.
という論文集があり，法学関係にも，ゲーム理論が普通に用いられるようになりました。

また，経済学のテキストも，ゲーム理論を基礎にしたものが多数出版されるようになりました。
　　Mas-Colell, A., M. D. Whinston, and J. R. Green (1995) *Microeconomic Theory*. Oxford University Press.

わが国において，その頃，出版されたものに，
　　丸山雅祥・成生達彦（1997）『現代のミクロ経済学——情報とゲームの応用ミクロ』創文社。
があり，両先生は「はじめに」で，

近年,ミクロ経済学の進展はめざましく,その内容は大きく変化している。分析用具の面では,「ゲーム理論」と「情報の経済学」がミクロ経済分析の新しい用具として定着している。また,分析対象の面では,競争戦略の分析や,流通・マーケティングなど取引の分析,企業組織の内部構造や組織間関係の分析,経済制度と慣行の分析などをはじめとして,実践的なトピックスへの応用を重視したかたちで理論が展開されている。

と述べています。

5 ノーベル経済学賞受賞

モルゲンシュテルンの生存中に,モルゲンシュテルンがノーベル経済学賞を授賞するための運動を,ゲーム理論の国際誌(IJGT)の編集委員のシュエーデラーやシャプレー,シュウビック,オーマンなどを中心に進めたことがありましたが,実現しませんでした。

ゲーム理論専門家の最初の授賞

1994年になって,ようやくナッシュ(66歳),ハルサニ(74歳),ゼルテン(64歳)の3人のゲーム理論家に,「非協力ゲームの理論とその応用」についての業績に対して,ノーベル経済学賞が授与されました。年齢は授賞当時です。

このノーベル経済学賞は『ゲームの理論と経済行動』の出版50年を記念して授与されたもので,ゲーム理論が認められるようになるまで,50年を要したともいえます。

サイモンの受賞

1978年に,サイモン (Herbert A. Simon, 1916-2001) が,組織と管理についての現実の問題への貢献によって受賞しています。

> Simon, H. A. (1945, 1957) *Administrative Behavior*, McMillan(サイモン／松田武彦・高柳暁・二村敏子訳『経営行動』ダイヤモンド社, 1965).
> Simon, A. H. (1982) *Models of Bounded Rationality*. MIT Press.

彼は早くからゲーム理論が前提としていたプレイヤーの合理性に疑問を投げかけ,彼が提起した限定合理性の問題は,それ以後,ゲーム理論の基本問題となりました。

ブキャナンの受賞

1986年には,バージニア州のジョージ・メイスン大学のブキャナン (James M. Buchanan, 1919-2013) が,公共選択理論によって受賞しています。著書は多数ありますが,ゲーム理論と直接関係深いものとしては,

> Buchanan, J. M. and G. Tulloc (1962) *the Calculus of Consent: Logical Foundations of Constitutional Democracy*. The University of Michigan Press(ブキャナン=タロック／宇田川璋仁監訳,米原淳七郎・田中清和・黒川和美訳『公共選択の理論――合意の経済論理』東洋経済新報社, 1979).
> Brennan, G. and J. M. Buchanan (1985) *the Reason of Rules: Constitutional Political Economy*. Cambridge University Press(ブレナン=ブキャナン／深沢実・菊池威・小林逸太・本田明美訳『立憲的政治経済学の方法論――ルールの根拠』文眞堂, 1989).

があります。いずれもゲーム理論を基礎として論じられています。

ノースの受賞

1993年には、フォーゲル（Robert William Fogel, 1926-2013）とノース（Douglass Cecil North, 1920-）が経済史の業績によって受賞しています。

ノースの主な業績は、制度変化の経済理論を中心としたもので、彼については、第10章第5節で述べました。

ヴィックリーの受賞

1996年には、ヴィックリー（William Spencer Vickrey, 1914-96）とマーリーズ（James A. Mirrlees, 1936-）が、オークション、情報の非対称性下におけるインセンティブ設計などの理論によって受賞しました。

ヴィックリーの初期の論文としては、次のものがあります。

> Vickrey, W. (1961) Counterspeculation, auction, and competitive sealed tenders. *Journal of Finance*. 16: 8-37.

そのほか多数の論文があり、多くの人に影響を与えています。

ヴィックリーは、ノーベル賞授賞の発表の3日後に亡くなりました。82歳でした。

アカロフ、スティグリッツ、スペンスの受賞

2001年には、アカロフ（George Arther Akerlof, 1940-）、スティグリッツ（Joseph Eugene Stiglitz, 1943-）スペンス（Andrew Michael Spence, 1943-）が、情報の非対称性を伴う市場の分析で受賞しました。

アカロフは、

> Akerlof, G. (1970) The market for "lemons": Qualitative uncertainty and the market mechanism. *Quarterly Journal of Economics*. 84

(3): 488-500.

でよく知られています。レモン (lemon) というのは中古車のことで、売り手はその性能をよく知っていて、買い手はよく知らないという情報の非対称性ついて考察したものです。

3人は情報の非対称性から、逆選択、モラル・ハザード、シグナリング効果、契約理論などについて、ゲーム理論の新しい分野を開拓したといえます。

グレンジャーの受賞

2003年には、ゲーム理論とは関係ありませんが、モルゲンシュテルンと関係が深いグレンジャー (Clive William John Granger, 1934-2009) が、時系列分析の手法によって受賞しています。私がモルゲンシュテルンの研究所に留学していた頃、彼も同じ研究所にいて、モルゲンシュテルンの65歳記念論文集 (1967) への寄稿や畠中道雄先生やモルゲンシュテルンとの共著があります。

> Granger, C. W. J., in Association with M. Hatanaka (1964) *Spectral Analysis of Economic Time Series*. Princeton University Press.
> Granger, C. W. J. and O. Morgenstern (1970) *Predictability of Stock Market Prices*. D. C. Heath and Company.

シェリングとオーマンの授賞

ナッシュ、ハルサニ、ゼルテンが受賞したときには、4年くらい後には、オーマンやシャプレーなどが受賞するのではないかと思いましたが、それから11年経った2005年に、ようやくシェリングとオーマンが「ゲーム理論のレンズを通したコンフリクトと協力の分析」によって受賞しました。

当時、シェリングは84歳、オーマンは75歳になっていました。

ハーヴィッツ,マイヤソン,マスキンの受賞

2007年には,ハーヴィッツ(Leonid Hurwicz, 1917-2008),マイヤソン(Roger B. Myerson, 1951-),マスキン(Eric Stark Maskim, 1950-)が,「メカニズム・デザインの理論の確立」によって受賞しました。

時にハーヴィッツは90歳で,それまでのノーベル賞受賞者の最年長者です。ハーヴィッツは,ポーランド系のユダヤ人で,戦乱期にアメリカに渡った人です。第6章のHurwicz(1943)(1945)で知られるように,きわめて早い時期からゲーム理論の有効性を確信していました。

彼には,多数の論文があり,例えば,次のようなものがあります。

> Hurwicz, L. (1973) The design of mechanisms for resource allocation. *American Economic Revew*. 63: 1-30.
> Hurwicz, L. (1996) Institutions as families of game forms. *Japanese Economic Revew*. 47: 113-132.

マイヤソンには,

> Myerson, R. B. (1983) Mechanism design by an informed principle. *Econometrica*. 51: 1767-97.

があり,また,彼には,ゲーム理論の大きな教科書があります。

> Myerson, R. B. (1991) *Game Theory: Analysis of Conflict*. Harvard University Press.

マスキンには,次のようなものがあります。

> Fudenberg, D. and E. Maskin (1986) The folk theorem in repeated games with discounting and incomplete information. *Econometrica*. 54: 533-554.
> Maskin, E. and J. Tirole (1999) Two remarks on theproperty-rights literature. *Review of Economic Studies*. 66: 139-149.

シャプレーとロスの受賞

2012年になって，シャプレー（Lloyd Schapley, 1923-）とロス（Alvin Elliot Roth, 1951-）が「マッチング理論」と「マーケット・デザイン」によって受賞しました。

シャプレーは89歳になっていました。ゲーム理論の成立当初からのシャプレーの活躍を知る者にとっては，あまりに遅すぎるといわざるをえません。

ロスには，次の著書があります。

> Roth, A. E., A. Marilda, and Oliveira Sotomayor（1990）*Two-Sided Matching: A Study in Game-Theoretic Modeling and Analysis.* Cambridge University Press.

シャプレーとロスの思い出は，本書221頁に書きました。なお，2人については，下村研一先生と小島武仁先生による紹介が『経済セミナー』2013年2・3号にありますので，ぜひ読んでください。

1994年のことですが，東京理科大学大学院経営工学専攻で，「労働者訪問型マッチングメカニズムによる採用市場の均衡戦略」という修士論文を提出した院生がいました。立派な修士論文でしたが，ゲーム理論に理解のない先生方から見当違いの質問が出て，困ったものでした。その頃，シャプレーとロスがノーベル賞を受賞していれば，あんなおかしな質問もなかったでしょうに。

6　環境問題のゲーム理論による分析

1980年代の中頃から，環境問題のゲーム理論による研究も盛んになり，

Folmer, H. and E. van Ierland eds. (1989) *Valuation Method and Policy Making in Environmental Economics*. Elsevier.

Hanley, N. and H. Folmer eds. (1998) *Game Theory and the Environment*. Edward Elgar.

などが発表されています。

　後者の編者ハンレイはスコットランドのエディンバラ大学の生態学および資源管理研究所の自然資源経済の教授で，ホルマーはオランダのティブルグ大学の環境経済学の教授です。

　17編の論文がありますが，その中に，Mißfeldt というイギリスの国際問題研究所のエネルギーと環境計画の研究者による

　　　Mißfeldt F., Nuclear power games: 99-134.

という論文があり，チェルノブイルの原子力発電所の事故による放射能物質の拡散について，西ヨーロッパと東ヨーロッパとをプレイヤーとする非協力ゲーム，交渉問題，完全協力関係という3つのゲームによって理論的な分析とシミュレーションを行っています。また，この論文では不十分にしかできなかったがと断って，時間の要素の重要性を指摘しています。

　この研究を行った彼の真意は，原子力エネルギーに依存することの危険を警告することにあると思われます。福島第一原子力発電所の事故が起こった今，ぜひ，わが国でも，ゲーム理論によって，この問題を研究してほしいと願っています。

7　現代経済学の新しい潮流

　1990年代に入ると，ゲーム理論は経済学の中で重要な役割を果たすことが十分に認識され，経済学としてのゲーム理論の回顧と展

望が，何人かの先生方によって行われています。

　例えば，次のような意見が寄せられています。

　　　岩井克人・伊藤元重編（1994）『現代の経済理論』東京大学出版会。
　　　　神取道宏「ゲーム理論による経済学の静かな革命」
　　　　松島斉「過去，現在，未来——繰り返しゲームと経済学」

　理論計量経済学会が日本経済学会と改称されて，1995年から『現代経済学の潮流』（東洋経済新報社）と題する総合報告が出版されるようになり，ゲーム理論に関係深い報告も，しばしば掲載されています。

　　　大山道広・西村和雄・吉川洋編（1996）『現代経済学の潮流 1996』
　　　　青木昌彦「経済学は制度をどう見るか」
　　　大山道広・林敏彦・西村和雄・吉川洋編（1997）『現代経済学の潮流 1997』
　　　　松島斉「限定合理性の経済学——あるゲーム・セオリストの見方」

　2010年には，『日本経済学会75年史——回顧と展望』（有斐閣）が出版され，その「展望編」に，

　　　神取道宏「経済理論は何を明らかにし，どこへ向かってゆくのだろうか」
　　　大竹文雄「人間行動と教育・文化の役割」
　　　松井彰彦「人間の科学を目指して——帰納論的ゲーム理論への系譜」

などが収められています。

　これらの先生方の御指導によって，ゲーム理論の新しい展望と新しい世界の開拓が期待されます。

8 1995年以後の文献抄

この時期までくると,発表された著書,論文はあまりに多く,ここでは,日本語で読むことができる本の,その一部だけをあげるに止めることにさせていただきます。

> 永久寿夫(1995)『ゲーム理論の政治経済学——選挙制度と防衛政策』PHP研究所。
> 逢沢明(1995)『大不幸ゲーム——ネットワーク社会に潜む真実』光文社。
> 伊藤秀史編(1996)『日本の企業システム』東京大学出版会。
> 荒井一博(1997)『終身雇用制と日本文化——ゲーム論的アプローチ』中央公論社。
> 嶋津祐一編(1997)『絶対負けないゲーム理論の思考法』日本実業出版社。
> 武藤滋夫・小野理恵(1998)『投票システムのゲーム分析』日科技連。
> Hollis, M. (1987) *The Cunning of Reason.* Cambridge University Press(ホリス/槻木裕訳『ゲーム理論の哲学——合理的行為と理性の狡智』晃洋書房,1998).
> Hargreaves Heap, S. P. and Y. Varoufakis (1995) *Game theory: A Critical Introduction.* Routledge(ハーグリーブズ・ヒープ゠ファロファキス/荻沼隆訳『ゲーム理論——批判的入門』多賀出版,1998).
> 鈴木一功監修(1999)『MBAゲーム理論』ダイヤモンド社。

拙著の紹介

ここで私の著作を紹介させていただきます。それは,ある意味で「ゲーム理論のあゆみ」の一つの側面になっていると思います。

> 鈴木光男(1994)『新ゲーム理論』勁草書房。

これは,私の東京工業大学と東京理科大学における講義をもとに

したもので，非協力ゲームと協力ゲームの基礎的な部分について，その意味を述べたものです。

　随所に，旧約聖書やタルムード，アインシュタイン，モルゲンシュテルン，ウィトゲンシュタイン，ブレヒト，ハイネ，ホイジンガー，ヒルベルト，高村光太郎，斎藤茂吉，北原白秋などの文章や詩歌を挿入しました。これらは，その時々の私の心象風景でした。

　また，付録に，1968年から94年までの間，私の研究室で学んだ諸君の卒業論文，修士論文，博士論文のリストを掲載しました。そのタイトルから，その時代に，ゲーム理論のどんなテーマが問題になっていたかを知ることができます。ここに学生諸君の名を挙げたのは，必ずしも恵まれた環境とはいえない中で，私とともに学んだ諸君に感謝の意を表するためでもありました。

　　鈴木光男（1999）『ゲーム理論の世界』勁草書房。

　1999年頃までのゲーム理論の世界を紹介したもので，確信の共有，社会状況としてのゲーム，合理性の探求，ゲーム理論の役割，社会認識の進展，社会契約と計画の倫理，ゲーム理論の歩んだ道などからなっています。

　序章の終わりで，

> ゲーム理論が，旧来の枠に捕われずに，常に自らの内部で革新しながら発展し，多くの人々にとって，この新しい言葉が共通の知識 common knowledge となり，そこから，その力に対する共通の確信 common belief が生まれ，それが文化的確信 cultual belief となり，社会の common sense となって，そこから新しい文化が生まれてくることを期待しています。　　　　　（14頁）

と述べました。

鈴木光男（2007）『社会を展望するゲーム理論——若き研究者へのメッセージ』勁草書房。

　これはある若きゲーム理論の研究者への便りとして書いたもので，その時期のゲーム理論の課題について述べました。そのほか，第9章第17節で紹介した「計画の倫理」についても詳しく述べています。その中の「ふるさとの崩壊」と「死者のない町」はぜひ読んでいただきたいと願っています。

　本のタイトルは意味不明なので，『あるゲーム理論家の社会展望』のほうがよかったかもしれません。

　鈴木光男（2010）『学徒勤労動員の日々——相模陸軍造兵廠と地下病院建設』近代文藝社。

この本の「はじめに」の一部を紹介させていただきます。

　学徒勤労動員といっても，今では知る人は少なくなってしまいました。先のアジア・太平洋戦争（大東亜戦争）のさいに，中学生・女学生・高校生・大学生などのいわゆる学徒が，戦力増強の名のもとに，学徒勤労動員という国の命令で，農村や工場に駆り出されて働きました。……動員中に，事故，空襲などで亡くなった人も少なくありません。
　……
　勤労動員の対象になった学徒の主力は，旧制の中学校，高等女学校，実業学校など，当時は中等学校と呼ばれていた学校の生徒で，その中でも，昭和十九年当時，中学の五年，四年，三年の生徒で，昭和二年四月二日から昭和五年四月一日までの間に生まれた人達が中心でした。
　……
　私は昭和十五年四月に中学に入学し，昭和十九年四月に中学五年生になった昭和世代の第一期生です。入学以来，勤労奉仕に励

んでいましたが，昭和十九年七月から二十年六月末まで神奈川県の相模陸軍造兵廠に動員され，二十年八月に旧制高等学校一年生として，山形県下の陸軍の地下病院の建設に動員され，その最中に敗戦を迎えました。

　平成も二十年が過ぎ，昭和の時代が語られるようになり，学徒出陣や学童疎開などについてはしばしば語られていますが，学徒勤労動員について語る人は少なく，その記録もいまでは手に入れ難くなっています。……学徒勤労動員は今では忘れられた歴史となってしまいました。

　　……

　戦時体制下で教育を受けて育った少年達がこのような日を過ごした時代があったことを知って頂ければ幸いです。

(同書，1-3頁)

　この時代は，初期のゲーム理論家の多くが，過酷な体験をした時代でした。私もまた，ヨーロッパのユダヤ系の人たちほどではありませんが，敵の空襲下にあって，死を身近に感じていました。

　　鈴木光男 (2013)『ゲーム理論と共に生きて』(ミネルヴァ・シリーズ「自伝」) ミネルヴァ書房。

　この本は，1928年に，ゲーム理論の誕生とともに生まれた私の幼年時代から最近までの個人史で，今回のこの本と姉妹編をなすものです。

　『学徒勤労動員の日々』と『ゲーム理論と共に生きて』を読み直して，この2つの本の底流に流れているのは，「死」であることに気がつきました。それは，死へのあこがれであり，死の願望です。

　これは，昭和初期に生まれ，敗戦の日を18歳で迎えた日本人，いや，日本人のみならず，この激動の時代を生きた人間に共通する

感覚ではないでしょうか。

9 新しい歴史像への期待

2004年に,『ゲームの理論と経済行動』の刊行60周年記念版が刊行されました。

> Von Neumann, J. and O. Morgenstern (2004) *Theory of Games and Economic Behavior*. Sixtieth-Anniversary Edition, Princeton University Press.

ここには,H. Kuhn の序論,A. Rubinstein のあとがき,H. A. Simon,A. H. Copeland,L. Hurwicz,T. Barna,W. Rosenblith などの初期の書評,Samuelson の "Heads, I Win, and Tails, You Lose" と,P. Crume の "Big D" というエッセイ,そのほか,E. Rowland,W. Lissner,J. McDonald などのエッセイを紹介するとともに,

> Morgenstern, O. (1967) The Collaboration between Oskar Morgenstern and John von Neumann on the Theory of Games. *Journal of Economic Literature*. 4: 805-816.

が収められています。

なお,この60周年記念版は,武藤滋夫訳で,勁草書房より出版予定です(2014年3月時点)。

1985年を節目に,ゲーム理論は新しい時代に入り,誰もが語りうる言葉になり,新しい世界が開かれるようになりました。

1985年以後の「ゲーム理論のあゆみ」は,ゲーム理論誕生の年

の1928年に生まれ，この1月に86歳になった私ではなく，新しい先生方によって書かれるべき歴史になりました。

　ゲーム理論の世界が，新しい視点で，新しい姿として，書かれることを期待して，ここで本書を終わらせていただきます。

「深き叡智の力もて」鈴木光男

　　暗雲暗く星もなく
　　激浪高くさかまきて
　　迷いの闇の長かりし
　　旅路入江に明けそめぬ

　　茨の道の続くとも
　　固陋(ころう)の帳(とばり)打ち破り
　　希望の光湧きいでて
　　行くべき彼方照らさなん

　　意気に燃え立つ若人の
　　命ぞ固く結ばれて
　　深き叡智の力もて
　　高き理想の進みゆく

　　　　　　　旧制山形高等学校時代，昭和21年秋
　　　　　　　敗戦直後の19歳の高校生の心境です。

感謝のことば

　最後になりましたが，本書の執筆を勧めてくださいました松原望先生（東京大学名誉教授，聖学院大学教授）に感謝申し上げます。先生のお勧めがなければ，この本は世に出ることはなかったと思います。

　また，長い間，多くの面で，お世話になった中山幹夫先生，金子守先生，武藤滋夫先生，岡田章先生，船木由喜彦先生，和光純先生，渡辺隆裕先生，小井田伸雄先生，石川竜一郎先生に，深く感謝申し上げます。

　出版にあたっては，有斐閣の尾崎大輔さんと岩田拓也さんには，私の手元にない文献を探していただき，また，本文の細部にわたって慎重に検討していただき，大変お世話になりました。厚く御礼申し上げます。

　また，旧著『ゲーム理論の展開』(1973)の「第一章　ゲーム理論の成立まで」の再録を許していただいた東京図書株式会社に感謝申し上げます。

　そしてまた何よりも，私の個人的回想にすぎないこの『ゲーム理論のあゆみ』を最後まで読んでいただいた方々に，心から感謝申し上げます。

　では，ゲーム理論のますますの発展を祈って，ここで，パソコンを閉じることにいたします。お元気で。さようなら。

　　2014年2月吉日

　　　　　　　　　　　　　　　　　　　　　鈴　木　光　男

人名索引

◆ ア 行

アイゲン（M. Eigen） 207
アイザックス（R. Isaacs） 143
青木昌彦 210, 211
青山秀夫 125
アカロフ（G. A. Akerlof） 234
アクセルロッド（R. M. Axelrod） 216
朝永振一郎 101
アロー（K. J. Arrow） 111, 113, 118
アンリオ（J.-J. Henriot） 6
今井晴雄 215
巌左庸 209
ヴィーザー（Friedrich von Wieser） 39, 40
ヴィックリー（W. S. Vickrey） 138, 234
ウィリアムズ（J. D. Williams） 112
ヴィル（J. Ville） 78, 79
ヴィンクラー（R. Winkler） 207
ヴェブレン（O. Veblen） 73
ウォルドグラーヴ（J. Waldegrave） 8, 9, 12, 13, 15, 27, 29
オーウェン（G. Owen） 163, 215
オーカアマン（J. Åkerman） 116
岡田章 223
奥野正寛 219, 224
オーマン（R. J. Aumann） 137, 140, 141, 144, 152, 197, 204, 217, 218, 222, 227, 232, 235

◆ カ 行

カイヨワ（R. Caillois） 5
角谷静夫 79, 81, 104
金子守 205, 215
カライ（E. Kalai） 219
カルダーノ（G. Cardano） 3
カルドア（N. Kaldor） 36-38, 127
川越敏司 227
カントル（G. Cantor） 23
ギリス（D. B. Gillies） 134, 135
ギルボー（G. Th. Guilbaud） 8, 15
グレンジャー（C. W. J. Granger） 161, 235
クーン（H. W. Kuhn） 9, 34, 93, 95, 104, 121
ゲイル（D. Gale） 104, 110, 118, 122
ケインズ（J. M. Keynes） 33, 36, 88, 114
ゲーデル（K. Gödel） 42-45, 49, 50, 54, 69, 70
河野勝 226
コープランド（A. H. Copeland） 87, 101
是枝正啓 193
コンドルセ（M.-J.-A.-N. de C. Condorcet） 21

◆ サ 行

西條辰義 225, 226
サイモン（H. A. Simon） 87, 101, 233
サヴェッジ（L. S. Savage） 28
サミュエルソン（P. A. Samuelson） 128, 222, 246
ザミール（S. Zamir） 224, 225
シェリング（T. C. Schelling） 152-156, 199, 235
シャプレー（L. S. Shapley） 104, 105, 109, 111, 122, 123, 130, 134, 135, 137, 138, 140, 144, 157, 215, 220, 221, 232, 235, 237
シュウビック（M. Shubik） 104, 105, 113, 119, 130, 135, 137, 140, 147, 157, 160, 215, 217, 232

シュタッケルベルク（H. von Stackelberg） 51
シュマイドラー（D. Schmeidler） 145
シュレージンガー（K. Schlesinger） 36, 44, 51-55, 67, 68
シュンペーター（J. A. Schumpeter） 18, 53, 41
シリック（F. A. M. Schlick） 43
ジンメル（G. Simmel） 31, 32
スエトニウス（Suetonius） 3
スカーフ（H. Scarf） 130, 140
杉田元宜 93
スティグラー（G. J. Stigler） 224
スティグリッツ（J. E. Stiglitz） 234
ストーン（R. Stone） 88, 101, 107
スナイダー（R. C. Snyder） 119
スペルナー（E. Sperner） 45
スペンス（A. M. Spence） 234
スロール（R. M. Thrall） 142
関孝和 7
ゼルテン（R. Selten） 112, 137, 139, 146, 155, 202, 206, 217, 220, 222, 223, 227, 232, 235

◆タ 行

竹内清 157
タッカー（A. W. Tucker） 93, 104, 105, 137
チェク（E. Čech） 43
ツェルメロ（E. Zermelo） 25, 26
ツォイテン（F. Zeuthen） 46, 123
デービス（M. Davis） 104, 144, 145
デブリュー（G. Debreu） 133, 117, 118
寺阪英孝 43
寺本英 207
テルサー（L. G. Teleser） 158
ドーキンス（R. Dawkins） 207
トドハンター（I. Todhunter） 6, 9, 13, 21
ド・マルブランシュ（N. de Malebranche） 14

ド・メレ（C. de Méré） 4
ド・モアブル（A. de Moivre） 8, 14, 15, 19
ド・モンモール（P. R. de Montmort） 7-9, 11, 13-15, 19, 20

◆ナ 行

ナイサー（H. Neiser） 51
ナイト（F. H. Knight） 33, 48, 56, 57
中村健二郎 172, 173
中山幹夫 145, 223
ナッシュ（J. F. Nash, Jr.） 46, 103-105, 107-111, 117, 123, 130, 133, 137, 193, 232, 235
二階堂副包 118
ニブレン（G. Nyblén） 113-116
ノイマン（J. L. von Neumann） 13, 18, 23, 25-30, 32-38, 41-45, 47, 49, 52, 63-65, 69, 70, 73-76, 78-83, 86, 90-96, 101, 103-105, 107, 109, 113, 122, 125-127, 134, 162, 222, 229
野口悠紀雄 198
ノース（D. C. North） 210, 211, 234

◆ハ 行

ハイエク（F. A. von Hayek） 41
ハーヴィッツ（L. Hurwicz） 87, 101, 107, 236
バカラック（M. Bacharach） 193, 204, 205
パスカル（B. Pascal） 4, 5
畠中道雄 137
ハーディン（G. Hardin） 163
ハート（S. Hart） 227
林知巳夫 96
ハルサニ（J. C. Harsanyi） 123, 137, 139, 146, 218, 220-222, 230, 232, 235
ビーグル（E. G. Begle） 117
日高敏隆 207
ヒックス（J. R. Hicks） 123, 129
ヒルベルト（D. Hilbert） 23

ビンモア（K. Binmore） 228-231
フィッシャー（R. A. Fisher） 12, 13, 30
フェルマー（P. de Fermat） 4
フォーゲル（R. W. Fogel） 234
ブキャナン（J. M. Buchanan） 233
福岡正夫 118
船木由喜彦 142
ブラウワー（L. Brouwer） 116
プリングルスハイム（A. Pringlesheim） 17
フレシェ（M. rené Fréchet） 28
ブレスウェイト（R. B. Braithwaite） 124
ベイズ（T. Bayes） 20
ベルヌーイ，ダニエル（D. Bernoulli） 16-18, 20, 43
ベルヌーイ，ニコライ（N. Bernoulli） 7, 11, 15, 19
ベルヌーイ，ヤコブ（Y. Bernoulli） 7
ホイジンガ（J. Huizinga） 5
ボエーム-バヴェルク（E. von Böhm-Bawerk） 37, 39, 40, 85, 99
ホッブズ（T. Hobbes） 230
ポパー（K. R. Popper） 42, 50, 70, 71
ボレル（É. Borel） 13, 27-29, 78
ボンダレーバ（O. Bondareva） 157

◆マ　行

マイヤソン（R. B. Myerson） 236
マスキン（E. S. Maskim） 236
マッケンジー（L. W. Mckenzie） 118
マッシラー（M. Maschler） 137, 144, 145, 197, 220, 222, 223
マルシャック（J. Marschak） 87, 101, 107
水谷一雄 43, 55, 162
ミーゼス（L. von Mises） 41
宮澤光一 137, 146
ミルナー（J. W. Milnor） 104, 109, 110, 130, 148

武藤滋夫 217, 222
メイナード-スミス（J. Maynard-Smith） 206, 208
メギド（N. Megiddo） 223
メンガー，C.（C. Menger） 39, 42, 85, 96
メンガー，K.（K. Menger） 17, 35, 42-44, 49, 50, 52, 54, 56, 68, 69, 85, 90, 96
森嶋通夫 38, 118
森徹 225
モルゲンシュテルン（O. Morgenstern） 7, 18, 37-50, 53-56, 59-63, 65, 68-71, 73-76, 78-83, 86, 88, 90, 91, 94-97, 101, 104, 107-109, 113, 116, 118, 124, 127, 137, 141, 144, 145, 157, 159, 160, 197, 224, 232, 235

◆ヤ　行

安井琢磨 101, 107, 115, 118, 131
山岸俊男 225
山田雄三 47, 55-57, 59, 60, 62, 67, 96, 97, 99-101, 108, 199
米沢治文 107

◆ラ　行

ライプニッツ（G. W. Leibniz） 6, 7
ラパポート（A. Rapoprt） 150, 151
ラムジー（F. P. Romsey） 33, 34
ルイス（D. K. Lewis） 203
ルーカス（W. F. Lucas） 162
レマーク（Robert Remak） 51
ロス（A. E. Roth） 216, 221, 224, 237
ロールズ（J. Rawls） 230

◆ワ　行

ワイル（H. Weyl） 25, 64, 73
ワルト（A. Wald） 35, 36, 42-44, 49, 51-56, 68, 69, 78, 89, 90, 95, 107, 108, 149
ワルラス（M. E. L. Walras） 37, 53

◆ 著者紹介

鈴木　光男（すずき　みつお）

1928 年　福島県生まれ。
1952 年　東北大学経済学部卒業。
東北大学経済学部講師，プリンストン大学リサーチ・アソシエイト，東京工業大学（社会工学科，情報科学科），東京理科大学（工学部経営工学科，経営学部）教授を歴任。
現在，東京工業大学名誉教授。
主な著作に，『ゲームの理論』（勁草書房，1959 年），『人間社会のゲーム理論』（講談社，1970 年），『計画の倫理』（東洋経済新報社，1975 年），『ゲーム理論入門』（共立出版，1981 年），『新ゲーム理論』（勁草書房，1994 年），『ゲーム理論の世界』（勁草書房，1999 年），『社会を展望するゲーム理論』（勁草書房，2007 年），『学徒勤労動員の日々』（近代文藝社，2010 年），『ゲーム理論と共に生きて』（ミネルヴァ書房，2013 年）

ゲーム理論のあゆみ
History of Game Theory

2014 年 4 月 20 日　初版第 1 刷発行

著　者	鈴　木　光　男
発行者	江　草　貞　治
発行所	株式会社 有　斐　閣

郵便番号 101-0051
東京都千代田区神田神保町 2-17
電話 (03) 3264-1315〔編集〕
　　 (03) 3265-6811〔営業〕
http://www.yuhikaku.co.jp/

印刷・大日本法令印刷株式会社／製本・牧製本印刷株式会社
©2014, Mitsuo Suzuki. Printed in Japan
落丁・乱丁本はお取替えいたします。
★定価はカバーに表示してあります。

ISBN 978-4-641-16430-7

JCOPY　本書の無断複写（コピー）は，著作権法上での例外を除き，禁じられています。複写される場合は，そのつど事前に，(社)出版者著作権管理機構（電話03-3513-6969, FAX03-3513-6979, e-mail:info@jcopy.or.jp）の許諾を得てください。